整地做畦

腐熟稻壳

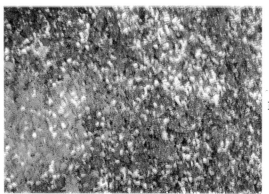

草炭珍珠岩混合基质

穴盘育苗基质装盘

茄子双干整枝

茄子滴灌栽培

2

茄子越冬栽培

茄子换茬栽培叶菜类蔬菜

茄子栽培喜见干见湿的土壤环境

3

茄子除去地膜增加湿度

大棚顶风口放风

夏季大棚外铺设遮阳网

棚室蔬菜管理技术丛书

棚室茄子
土肥水管理技术问答

郎德山 编著

金盾出版社

内 容 提 要

本书以问答的形式介绍了棚室茄子土肥水管理的各项关键技术。内容包括:概述,棚室茄子栽培土壤管理,棚室茄子栽培肥料管理,棚室茄子栽培水分管理,各茬口棚室茄子土肥水管理技术,以及棚室茄子生理病害和土传病害防治技术。内容通俗易懂,科学性、可操作性强,适合广大菜农和基层农业技术人员学习使用,亦可供农业院校相关专业师生阅读。

图书在版编目(CIP)数据

棚室茄子土肥水管理技术问答/郎德山编著 . —北京 ：金盾出版社,2013.1(2014.2重印)
(棚室蔬菜管理技术丛书)
ISBN 978-7-5082-7399-0

Ⅰ.①棚… Ⅱ.①郎… Ⅲ.①茄子—温室栽培—土壤管理—问题解答②茄子—温室栽培—肥水管理—问题解答 Ⅳ.①S626.5-44

中国版本图书馆 CIP 数据核字(2012)第 007687 号

金盾出版社出版、总发行
北京太平路 5 号(地铁万寿路站往南)
邮政编码:100036 电话:68214039 83219215
传真:68276683 网址:www.jdcbs.cn
封面印刷:北京精美彩色印刷有限公司
彩页正文印刷:北京燕华印刷厂
装订:北京燕华印刷厂
各地新华书店经销
开本:850×1168 1/32 印张:5.125 彩页:4 字数:88 千字
2014 年 2 月第 1 版第 2 次印刷
印数:6001～10000 册 定价:11.00 元
(凡购买金盾出版社的图书,如有缺页、
倒页、脱页者,本社发行部负责调换)

目　录

一、概　述

1. 茄子的生育周期如何划分？生产中应注意什么问题？

茄子发育周期包括发芽期、幼苗期、开花坐果期 3 个时期。

(1)发芽期　从种子吸水萌动到第一片真叶吐心为发芽期，茄子发芽速度慢，发芽期时间长，一般需要 15～20 天，主要取决于温度、湿度、通气状况和覆土厚度。

(2)幼苗期　从第一片真叶吐心到现蕾为幼苗期，一般需要 50～60 天。一般情况下，茄子幼苗长到 3～4 片真叶时，幼茎的粗度可达 0.2 厘米，花芽开始分化，5～6 片叶时即可现蕾。

花芽分化之前，前期以营养生长为主，生长量很小。从花芽分化开始转入生殖生长和营养生长同时并进时期，这一阶段幼苗生长量大，约占苗期生长量的 95％，到 7～8 片真叶时，四门斗花芽已经分化。因此，幼苗移植应在花芽分化前进行，以扩大营养面积，保证以后幼苗迅速生长和花芽正常分化。

(3)开花结果期 茄子的门茄现蕾后,进入开花结果期。这一时期处于由营养生长为主向生殖生长为主转移的过渡阶段,若营养生长占优势,果实生长量就很小,并推迟采收期。因此,应适当控制水分,促进果实发育。

茄子开花的早晚与品种有关,与幼苗的生长环境也有重要关系。幼苗在温度较高和各种条件较适宜的情况下生长快,苗龄短、开花早,尤其是在地温较高的情况下,开花较早。相反,在温度较低、各种不足的条件下,幼苗生长慢、苗龄长、开花晚。

茄子茎秆上的每一个叶腋几乎都可以产生叶芽,条件适宜时,即可萌发成为侧枝,并能开花结果。

茄子的分枝结果习性很有规律,早熟品种 6~8 片叶、晚熟品种 8~9 片叶时,顶芽变成花芽,紧接着抽生两个长势相当的侧枝代替主枝呈现"丫"状延伸生长。以后,每隔一定叶位又形成 1 个花,侧枝以同样方式进行分枝,这样在第一、第二、第三、第四个分枝叉口的花形成的果实,分别称为门茄、对茄、四门斗、八面风,随着分叉增多,结果数难以统计称为满天星。

生产中应注意,门茄瞪眼后应加强肥水管理,保证茎叶持续生长和果实膨大,对茄和四门斗结果时期是植株生育盛期,此时更要加强肥水管理,以防止早衰。茄子从瞪眼到商品成熟需 15～20 天,从商品成熟到种子成熟还需要 30 天左右。注意及时进行采收。

2. 棚室茄子生长对温度有什么要求? 生产中应注意什么问题?

茄子喜温、耐热,害怕寒冷,茄子的不同生育阶段要求的温度也不同。

(1) 发芽期 茄子种子发芽适宜温度为 25℃～30℃,最低温度为 11℃～18℃左右。出苗期白天保持 30℃左右,夜间维持在 20℃左右,能够保证出苗整齐。而在恒温条件下,种子发芽不良。所以,生产中常对种子进行变温处理催芽。

(2) 幼苗期 茄子苗期生长最适温度为 22℃～30℃,能正常发育的最高温度为 32℃～33℃;最低温度 5℃～6℃。

(3) 花芽分化期 气温对茄子花芽分化的影响主要是昼夜温差,白天在 30℃左右,夜温 24℃～25℃,秧苗生长旺盛,花芽分化早。

(4) 结果期 控制好结果期的温度有利于获得高产。白天温度在 20℃～30℃,开花结实正常,出现 35℃左右的高温易产生结实障碍,花器发育不良,果实生长缓慢,严重的出现僵果。夜间最适温度为 18℃～20℃。

生产中注意,根据茄子不同生长发育时期对温度的要求,适时调节适宜的温度,促进茄子生长发育,避免出现僵果。

3. 棚室茄子生长对光照条件有什么要求? 生产中应注意什么问题?

茄子喜光,对日照长度和强度的要求较高,茄子的光补偿点为 2 000 勒,饱和点为 40 000 勒。光照不足,幼苗发育不良,长柱花减少,产量下降,果实着色不良。长日照下生长旺盛,尤其在苗期,日照时间越长,越能促进发育,花芽分化快,开花早。

不同品种的茄子对光照强度的要求不同,紫色和紫红色品种对光照强度的要求比其他品种高,光照弱时,光合作用能力下降,植株生长弱,产量下降,并且色素难以形成,造成果实着色不良,影响茄子转色,降低茄子的商品性。

(1)发芽期　茄子在暗处发芽快。

(2)幼苗期　茄子的光饱和点为 40 000 勒,一般在光照时间为 15～16 小时的条件下,幼苗初期生长旺盛。

(3)花芽分化期　花芽分化主要受日照长度的影响,

15～16小时的光照,花芽分化早,着花节位低。

(4)开花结果期　光照强,开花数多,落花数少;反之,开花结实不良。

生产中注意,茄子虽然是短日照相关植物,但对光周期反应不敏感,根据不同生长时期,适时调节光照强度和光照时间。每天给予4小时以上的光照,花芽就可以分化,长光照植株大部分叶片脱落。光照不足,植株长势弱,叶片薄,花芽分化晚,短柱花多,结果率低。

4. 棚室茄子生长对水分条件有什么要求?生产中应注意什么问题?

茄子分枝多,植株高大,叶片大而薄,蒸腾作用强,因此茄子喜水,对水分的需求量大,怕旱、怕涝,湿度大病害多。如果空气相对湿度在80%以上时,则易导致茄子绵疫病的发生和蔓延,且易造成授粉困难、落花落果;若土壤水分不足,植株和果实生长慢,果面粗糙,品质差。因此,在棚室茄子栽培过程中,既要注意浇水,保持适宜的土壤含水量,又要防止土壤湿度和空气湿度过大。茄子喜水、怕涝,因其枝叶繁茂,蒸腾量大,需水量多,生长期间土壤含水量达田间持水量的80%为好,空气相对湿度以70%～80%为宜。若湿度过高,病害严重,尤其是土壤积水,易造成沤根死苗。茄子根系发达,较耐干旱,特别是在坐果以前适当控制水分,进行多次中耕能促进根系发育,防止幼苗徒长,以利于花芽分化和坐果。

5. 茄子产地灌溉水质量要求是什么?

茄子灌溉水质量要求见表1。

表1　茄子灌溉水质量要求

项　目		浓度限值
pH 值	≤	6.8～7.3
化学需氧量/(毫克/升)	≤	150
总汞/(毫克/升)	≤	0.001
总镉/(毫克/升)	≤	0.005
总砷/(毫克/升)	≤	0.05
总铅/(毫克/升)	≤	0.10
铬(六价)/(毫克/升)	≤	0.10
氰化物/(毫克/升)	≤	0.50
石油类/(毫克/升)	≤	1.0
粪大肠菌群/(个/升)	≤	40000

6. 棚室茄子生长对土壤条件有什么要求?

茄子对土壤要求不严,一般来说,土壤疏松肥沃,耕层深厚,排水好、透气性好,富含有机质的沙质壤土生长最好。

沙质土壤茄子早期发苗快,有利于早熟,但植株容易老化。黏性土壤保水保肥性好,但不利于早期生长,有利于中后期茄子生长,温度较低时,容易导致沤根。

生产中注意,茄子生长适宜中性土壤,土壤 pH 值6.8～7.3 最为适宜。茄子适应性较强,在各种土壤上都可栽培,但以土质疏松、有机质含量高通气良好的壤土和沙土栽培最好。

7. 茄子产地土壤环境质量要求是什么?

茄子产地土壤环境质量要求见表 2。

表 2　茄子产地土壤环境质量要求

项　目	含量限值		
	pH 值＜6.5	pH 值 6.5～7.5	pH 值＞7.5
镉	≤0.30	≤0.30	≤0.60
汞	≤0.30	≤0.50	≤1.0
砷	≤40	≤30	≤25
铅	≤250	≤300	≤350
铬	≤150	≤200	≤250

注:本表所列含量限值适用于阳离子交换量＞5 厘摩/千克的土壤,若≤5 厘摩/千克时,其含量限值为表内数值的半数。

8. 棚室茄子土壤肥力如何分级?

棚室茄子土壤肥力分级见表3。

表3　棚室茄子土壤肥力分级

肥力等级	保护地菜田土壤养分测试值				
	全氮（%）	有机质（%）	碱解氮（毫克/千克）	磷（P_2O_5）（毫克/千克）	钾（K_2O）（毫克/千克）
低肥力	0.10～0.13	1.0～2.0	60～80	100～200	80～150
中肥力	0.13～0.16	2.0～3.0	80～100	200～300	150～220
高肥力	0.16～0.26	3.0～4.0	100～120	300～400	220～300

9. 棚室茄子生长对肥料有什么要求?

茄子生长周期长,根系发达,喜欢高肥力的土壤和较高的施肥量,对氮、磷、钾的要求,以氮最多,钾次之,磷较少。每生产1 000千克茄子需氮3～4千克、磷0.7～1千克、钾4～6.6千克、钙3.5～5千克。

氮、磷、钾配合施用,能使植株健壮,促进花芽分化,产量高,如氮素缺乏,不仅植株弱小,而且开花晚,结果少,产量低。苗期需磷较多,若磷不足则影响根系发育,发根缓慢,根系明显减少;磷充足,不但根系发达,而且秧苗粗壮,花芽分化也早。

生产中注意,茄子在盛果期对氮、钾、磷需要量较多,如果此期氮肥不足,短柱花增多,结实率降低。钾是茄子植株生长、开花、结实所必需的重要元素,满足对钾的需要,不但植株健壮,而且产量高,品质好。

10. 棚室茄子生长对空气质量有什么要求?

棚室茄子栽培,特别是二氧化碳气体,对茄子的光合作用具有重要意义。茄子生长对环境空气质量要求见表4。

表4　茄子环境空气质量要求

项　目		浓度限值	
		日平均	1 小时平均
总悬浮颗粒物(标准态)/(毫克/米³)	≤	0.30	—
二氧化硫(标准状态)/(毫克/米³)	≤	0.15	0.50
氟化物(标准状态)/(微克/米³)	≤	1.5	—

注:日平均指任何 1 日的平均浓度;1 小时平均指任何 1 小时的平均
　　浓度。

茄子不仅从土壤中吸收营养,还从空气中吸收二氧化碳,通过光合作用合成植株生长发育的基础物质——碳水化合物。因此,空气中二氧化碳的浓度直接影响着茄子的生长发育。研究显示,将大气中二氧化碳浓度

(0.03%)提高到 0.1%～0.15%,其光合效率可比正常情况下提高 2～3 倍。在保护地生产中,二氧化碳相对不足,通过人工增施二氧化碳,提高茄子的光合作用,对促进茄子生长发育有重要意义。

11. 棚室茄子生产对于品种选择有什么要求?

(1)棚室早春栽培品种 选择抗寒、耐低温、耐弱光、抗病性与抗逆性强、品质优、产量高及耐贮运的早熟或中早熟优良品种。生产中常见的栽培品种有:荷兰瑞克斯旺公司的布利塔、新乡糙青茄、北京五叶茄、六叶茄、七叶茄、龙杂茄 2 号、齐杂茄 2 号、沈杂茄系列、西安绿茄、辽茄 1 号、福山牛腿茄、济南早小长茄、德州小火茄、鲁茄一号、青选长茄、茄杂 6 号、茄杂 7 号等。

(2)棚室秋延迟栽培品种 茄子秋延迟栽培时,苗期处于炎热多雨的夏季,结果期处于温度日趋下降的秋季,后期则处于寒冬。因此,选用的品种应具有抗病、矮秧、生长势强、适应性强的早熟品种。生产中常见的栽培品种有:新济杂长茄一号、天津快圆茄、京茄 2 号、茄杂 6 号、茄杂 7 号、博杂 1 号巨圆茄、安研大红茄、紫妃 1 号等。

(3)棚室越冬茬 棚室越冬茬茄子栽培应选择较耐

寒、弱光抗病、丰产、果实商品品质好，特别是种子少、不易老熟的品种。目前适用于棚室越冬茬栽培的品种主要有布利塔、大龙、黑金刚、快圆、黑山长茄等。

　　生产中注意结合当地消费习惯选择品种，不宜盲目跟风。

二、棚室茄子栽培土壤管理

1. 棚室茄子土壤管理存在的问题有哪些?

茄子的根系发达,由于现在棚室茄子耕作一般采用旋耕,逐年旋耕深度变浅,连年使用会使土壤耕层上移,土壤的自动调节能力下降。另外,由于茄子连作栽培,土壤中的病害、肥害等增加,因此棚室茄子种植4~5年便开始出现土壤障碍现象。主要表现情况为土壤保水保肥能力下降,土壤逐渐酸化、盐化,严重时土壤表层会出现白霜、铜青绿色斑纹斑点,甚至出现棕褐色的现象,土壤障碍使茄子产生不同程度的危害,产量和品质下降。

2. 新建茄子棚室如何进行熟土保护?

新建大棚在进行机械作业时,原有的熟土层往往受到破坏,基本上做了大棚的墙体,而用来栽培的土壤多数是生土层的土壤,不适合茄子生长发育的需要。因此,需要做到以下几点:一是在建设棚室墙体之前,尽可能将熟土提前挖出,放在一边备用,用生土建设墙体。二是从其他地方运送近几年没有种过茄果类的熟土代替生土。三是加入大量有机质进行土壤结构的改良,尽可能达到壤土的结构。

3. 棚室茄子土壤酸化发生的原因是什么? 如何解决土壤酸化问题?

棚室茄子栽培土壤酸化是土壤退化的一种表现形式,也是一种自然现象,是土壤物质循环失衡的表现。在土壤酸碱度指标上,酸化土壤的 pH 值一般在 6.5 以下,而由于茄子和微生物一般适宜中性环境,最适 pH 值为 6.8～7.3。土壤酸化后,宜种性变窄,产量下降,地力衰退,抑制营养元素的吸收,抑制土壤微生物的活性,易导致有关生理病害及侵染性病害的发生。

土壤酸化发生的原因是:菜农未按作物需肥规律科学施肥,致使有机肥施用量减少,化学氮肥用量增加,尤其是在棚室栽培的特定条件下,导致土壤酸化严重,影响茄子正常生长,使得品质下降。同时,化学酸性肥料如过磷酸钙施入土壤中,会使土壤 pH 值降低,生理酸性肥料如氯化铵、氯化钾、硫酸钾等,施到土壤后,使土壤酸度增加,长期大量偏施这些肥料,常导致土壤酸化。

土壤酸化的解决途径如下。

第一,施用石灰等碱性肥料,中和酸性。施用石灰有两种作用,一是中和土壤酸性;二是补充钙素营养,补充淋失的盐基。对 pH 值小于 6.5 的土壤,全面推行施用碱性或生理碱性肥料如草木灰、钙镁磷肥等,以中和部分酸性,提高 pH 值。

第二,施用有机肥,可以提高土壤的酸碱缓冲性能,减缓土壤酸化的程度。

第三,测土配方施肥。科学控制化肥,尤其是氮肥的用量。

4. 什么是土壤污染? 棚室茄子土壤污染的主要来源是什么?

由于具有生理毒性的物质或过量的植物营养元素进入土壤而导致土壤性质恶化和植物生理功能失调的现实,称为土壤污染。土壤的自净能力,是指进入土壤中的污染物通过复杂多样的物理过程、化学过程及生物化学过程,使污染物浓度降低、毒性减轻或者消失的性能。土壤自净能力是有限的,如果利用不当,大量有害物质进入土壤后,就会导致土壤自净性能衰竭甚至丧失,造成土壤污染。

棚室土壤污染物的来源如下。

第一,污水灌溉。用未经处理或未达到排放标准的工业污水灌溉农田,是污染物进入棚室土壤的主要途径。

第二,茄子生产中过量施用化肥。施用化肥是农业增产的重要措施,但不合理的使用,就会造成土壤污染。长期大量使用氮肥,会破坏土壤结构,造成土壤板结,生物学性质恶化,影响茄子的产量和质量;过量地使用硝态氮肥,会使茄子果实内累积过多的硝态氮,从而影响人体健康。

第三,茄子生产中过量施用农药。农药施用不当,会引起土壤污染。喷施于植株上的农药,除部分被茄子吸收或逸出大气外,还有一部分散落于农田土壤,这部分农药与直接施用于田间土壤的农药构成农田土壤中农药的基本来源。茄子从土壤中吸收农药,在根、茎、叶和果实中积累,施用农药过量则危害人体健康。

第四,农用地膜对土壤的污染。农用地膜技术在实现茄子大幅度稳产高产的同时,也产生了大量不溶解、不腐烂的残留物。土壤中的废弃地膜会破坏耕作层的土壤结构,使土壤空隙减少,降低土壤的通气性和透水性,使微生物的活力受到限制;同时,不利于水分和营养物质在土壤中的传输,影响茄子对水分和营养物质的吸收,阻碍了茄子种子发芽、出苗和根系生长,造成茄子减产。

5. 治理土壤污染的方法有哪些?

土壤污染难以治理。土壤污染一旦发生,土壤中的难降解污染物则很难靠稀释作用和自净化作用来消除,仅仅依靠切断污染源的方法则往往很难恢复,有时要靠换土、淋洗土壤等方法才能解决问题,而其他治理技术一般见效较慢。因此,治理污染土壤通常成本较高,治理周期较长。治理土壤污染的方法如下。

(1)采用干净无污染水灌溉 工业废水种类繁多,成分复杂,有些工厂排出的废水可能是无害的,但与其他工厂排出的废水混合后,就变成有毒的废水。因此,在利用废水灌溉棚室蔬菜之前,应按照无公害蔬菜灌溉水质量规定的标准进行净化处理。这样,既利用了污水,又避免了对土壤的污染。

(2)科学使用农药,重视开发高效低毒低残留农药 科学使用农药,不仅可以减少对土壤的污染,还能经济有效地消灭病、虫、草害,发挥农药的效能。在生产中,不仅要控制化学农药的用量、使用范围、喷施次数和喷施时间,提高喷洒技术,还要改进农药剂型,严格限制剧毒、高残留农药的使用,重视低毒、低残留农药的开发与生产。

(3)合理施用化肥,增施有机肥 根据土壤的特性、气候状况和茄子生长发育特点,配方施肥,严格控制化肥的用量。增施有机肥,提高土壤有机质含量,可增强土壤胶体对重金属和农药的吸附能力;同时,增施有机肥还可以改善土壤微生物的生物活性和扩大生物群落,加速生物降解过程。

(4)施用化学改良剂,采取生物改良措施 土壤污染具有不可逆转性。重金属和有机化学物质对土壤的污染基本上是一个不可转的过程,需要较长的时间才能降解,在受重金属轻度污染的土壤中施用抑制剂,可将重金属转化成为难溶的化合物,减少茄子的吸收。常用的抑制剂有石灰、碱性磷酸盐、碳酸盐和硫化物等。对于已污染的土壤,要采取一切有效措施,清除土壤中的污染物,控制土壤污染物的迁移转化,改善棚室茄子土壤生态环境,从而提高茄子的产量和质量。

(5)将地膜清理干净 及时全面将地膜清除,从根本上预防土壤污染。

6. 如何解决棚室茄子栽培土壤肥力失衡问题?

由于忽视了有机、无机肥料配合,氮、磷、钾配合,中量、微量元素配合等方面,使得目前大多数的设施茄子栽培土壤已出现土壤肥力失衡的情况,严重影响茄子产量和品质的提高。肥力失衡主要表现为：有机、无机失衡，氮、磷、钾失衡，中量、微量元素失衡，土壤微生物区系失衡。

针对棚室茄子栽培土壤肥力失衡的表现形式，解决途径主要有以下4种：一是注意栽培中秸秆、猪粪和鸡粪等有机、无机肥料的配合施用；二是注意栽培中氮、磷肥平衡施肥；三是注意栽培中中量、微量元素配合施用；四是微生物区系失衡的原因可能是由于连作所引起，注意实行轮作，采用生物土壤添加剂等。

7. 如何解决棚室茄子栽培土壤耕层上移问题？

近年来，棚室茄子的土壤耕作，多以旋耕机旋耕为主，操作方便，省工省时，但这种方法耕作后深度一般为10厘米左右，长期运用，造成土壤耕层厚度日益变浅、耕层逐渐变浅上移，犁底层上移，土壤的物理性能不断恶化，土壤容重增加，土壤孔隙度减少，形成10厘米左右厚度的坚硬犁地层，土壤肥力不足，蓄水能力降低，对茄子的生长和抗旱能力都有相当的影响，抵御自然灾害的缓冲性能明显下降。解决措施如下。

第一，结合人工，运用农业机械尽量增加耕翻深度，努力扩大深耕面积,在上茬作物收获后,抓紧进行机械或人工耕翻,防止跑墒。对于土层深厚的高产田,耕深要达到 30 厘米以上。

第二,深耕要与耙地结合,切实做到边耕翻边耙耱,要耙透、耙实、耙平、耙细,消灭明暗坷垃,切忌深耕浅耙。

第三,深耕不需要每年进行,每旋耕 3～4 年深耕 1 次即可满足需要。

8. 如何提高棚室茄子栽培的土壤质量?

茄子栽培要求土壤耕层有一定的厚度,一般 30～40 厘米。土壤的酸碱度(pH 值 6.8～7.3)要适宜,地势高燥,水位不太高。土质为壤土或沙壤土,富有团粒结构,保水、保肥能力以及通气条件好,耕层稳定。

棚室茄子栽培土壤质量下降是指土壤在生态系统界面内维持茄子生产,保障环境质量能力下降的一种现象,主要涉及土壤肥力下降、土壤环境质量变差、土壤生物活性变差、土壤生态质量变差等方面。要提高棚室茄子栽培土壤质量,可以采取以下措施:一是栽培中增施有机肥,培肥土壤;二是适时轮作换茬,阻断病虫害侵染;三是合理灌溉,防止土壤盐渍化;四是种植夏季填闲作物;五是栽培中根据土壤养分丰缺状况,适时、适量、按比例施入化学肥料。

9. 棚室茄子栽培土壤进行合理耕作有什么作用？应注意什么问题？

合理耕作的作用主要有：一是可以及时清处田间根茬，掩埋带菌体。二是可以改变耕层的物理特性，调节土壤中固相、液相、气相的比例。三是可以抑制杂草的生长，调节土壤中微生物的活动。

应注意的问题主要有：一是土壤深翻要结合施入大量有机肥和无机肥。二是土壤耕作不要将生土翻上来，遵循"熟土在上，生土在下，不乱土层"的原则。三是土壤深翻不需每年进行，结合旋耕进行，一般每3～4年深翻1次。四是土壤深翻结合不同的茬口进行。

10. 如何调节棚室茄子栽培土壤的透气性？

透气性好坏是评价土壤的一项重要指标，更是影响根系发达的重要原因。如果土壤板结、透气性差，则会造成茄子根系发育差，进而导致茄子出现早衰减产的现象。

(1) 增施有机肥，提高棚室茄子土壤中有机质含量 增施有机肥、改良土壤，是提高土壤透气性的根本措施。有机质含量高，土壤疏松，透气性好的土壤，产量最高。在山东地区，多数土壤的有机质含量在1%左右，低于适合棚室茄子生长2%的界限。因此,增施有机肥对改良土壤、提高土壤透气性是十分必要的。提高有机质含量有利于促进土壤微生物活性的提高。微生物活动不仅疏松了土壤,还产生一些促进根系生长的物质,对根系生长有利。

(2)合理浇水,减少浇水对土壤的破坏作用 传统的大水漫灌浇水方法对土壤侵蚀、压实的作用较强,而且大水漫灌使得土壤内的空气被挤出,土壤的团粒结构被破坏,不利于土壤保水保肥性的提高。浇水后,土壤表层板结,透气性下降,需要中耕松土,以打破土壤表层的板结,恢复土壤的透气性。在棚室茄子生长起来后,中耕松土不能进行,则不能打破土壤板结。滴灌有保护土壤的作用。滴灌是慢慢地浸润土壤,采用滴灌栽培土壤疏松,透气性强。

(3)合理划锄 茄子定植后,要注意勤划锄,这样土壤的透气性好,有利于茄子根系的生长。定植后,应每隔5～7天划锄1遍,并且每浇过1遍水后,都要及时划锄。注意划锄时不能过深,过深土壤易结块,但也不能过浅,太浅效果不好,划锄深度以3～5厘米为宜。

(4)重施生物菌肥,提高微生物活性 长时间连作种植,可使土壤中的有害微生物积累,而有益微生物减少。施用生物菌肥可使土壤中的有益微生物重新占据优势,而且很多有益微生物本身就有改良土壤、提高土壤透气性的作用。

11. 棚室茄子栽培调节土壤透气性应注意什么问题？

棚室茄子栽培调节土壤透气性应注意如下问题：一是注意施用腐熟有机肥。有机肥能调节土壤的透气性，提高氧气的含量，促进茄子生长，但有机肥必须充分腐熟，以防产生气体毒害。二是施用颗粒剂调节土壤透气性，注意施用量不能过多。三是注意选择合适的地面覆盖方式，以使得土壤疏松透气良好。四是注意采取垄作，并掌握垄的高度和宽度。五是定植时注意采取暗水法，水下渗后再覆土，此法表土疏松通气。六是中耕调节土壤透气性，注意把握中耕的深度和与根系的距离。

12. 棚室茄子起垄栽培有什么好处？

棚室茄子栽培一般采取垄作，垄高 15～20 厘米，小行宽 35～40 厘米，大行距 60 厘米，穴距 30 厘米，种植 2 行，每 667 米² 栽植 2 600～3 000 穴。采取垄作有以下好处：一是有利于土壤耕作层通气和茄子根系的呼吸。二是能加大土壤耕作层的昼夜温差，有利于促进苗壮和花芽分化,能有效抑制棚室茄子的徒长,促进壮秧,以达到增产早熟的目的。三是便于浇水和冲施肥料,尤其便于大小行栽培隔沟轮换浇水和交替冲施肥料,容易控制浇水量,减少肥料的浪费,深冬季节可降低空气湿度。

13. 棚室茄子采用床土育苗有什么优缺点? 茄子优良育苗床土有什么特点?

棚室茄子床土育苗需要大量的有机质和腐熟有机肥配制床土,有以下优点:一是就地取土比较方便;二是土壤缓冲性强,不易发生盐类浓度障碍或离子毒害;三是棚室茄子床土育苗营养全面,不易出现缺素症状。

床土育苗法的缺点:一是棚室茄子床土育苗苗坨重量大,运输困难;二是床土消毒难度大;三是不利于实现种苗产业化。

茄子优良育苗床土具有以下特点:一是具有良好的化学性。适宜的 pH 值为 6.8~7.3,过酸、过碱都会阻碍秧苗的生长发育。有机物质充分腐熟,不应含有影响秧苗生长以及根系发育的有毒害的化学物质。二是富含矿质营养和有机质,床土营养丰富、全面。三是具有高度的持水性和良好的通透性。优良床土必须是浇水后不板结,干燥时表面不裂纹,保水保肥能力强,制成土坨后不易散坨。四是具有良好的生物性,富含有益的微生物,不带病原菌和害虫等有害物质。

14. 茄子育苗床土配制不合理容易出现哪些问题?

育苗床土配制不合理容易出现下列问题:一是有机质含量过高,没有充分进行腐熟,发酵过程中产生大量热量,造成烧根、烧苗、坏死,影响苗全苗齐。二是土壤黏性过大,容易造成土壤板结、表面裂缝,地温降低,致使秧苗生长不良、老化。三是若取用了其他茄果类蔬菜重茬土壤作育苗床土,混带同类病菌、害虫等,易造成秧苗非正常死亡。四是肥料与土壤混合不均匀,使肥料相对集中,容易造成烧苗。

15. 如何配制棚室茄子育苗床土?

配制棚室茄子育苗床土要点如下。

(1)把握床土配制时间 最好在育苗前 20～30 天配制好育苗土,并将配制好的育苗土堆放在棚内,使有害物质发酵分解。

(2)考虑床土准备的数量 一般每株茄苗需准备育苗土 400～500 克,每立方米育苗土可育苗 2 300 株左右。

每 667 米^{2}大棚茄子需育苗 2 600～3 000 株,共需育苗土 1.5～1.8 米^3。

(3)准备田土 一般从最近 3～4 年内未种过茄果类的园地或大田中挖取,土要细,并筛去土内的石块,草根以及杂草等。

(4)准备有机质 通常选用质地疏松并且经过充分腐熟的有机肥,使育苗土质地保持疏松、透气。适宜的有机肥为马粪、羊粪等,也可以用树林中的地表草土、食用菌栽培废物等。鸡粪质地较黏,疏松作用差,也容易招引腐生线虫、地蛆等地下害虫,不宜用来配制营养土,有机肥要充分与土混拌。

(5)准备化肥、农药 按照每立方米育苗土使用三元复合肥 1 000～2 000 克、多菌灵 200 克、辛硫磷 200 毫升的比例准备化肥和农药。或加入硫酸铵和磷酸二氢钾各 1 000～1 500 克。注意不能用尿素、碳酸氢铵和磷酸二铵来代替,也不宜用质量低劣的复合肥育苗,因这些化肥都具有较强的抑制菜苗根系生长和烧根的作用。

(6)床土配制方法 将田土与有机质按体积比 4∶6 进行混合。混合时,将化肥和农药混拌于土中,辛硫磷为乳剂,应少量加水,配成高浓度的药液,用喷雾器喷拌到育苗土中。

(7)堆放 配好的育苗土不要马上用来育苗,应培成堆,用塑料薄膜捂盖严实,堆放 7～10 天后再开始育苗。

16. 如何用生物有机肥制作茄子育苗床土?

用生物有机肥 1 份,与肥沃的菜园土 10 份混合均匀,过筛,并加入适量的氮磷钾速效养分。速效养分的添加量控制在育苗土中速效氮 150～300 毫克/千克、五氧化二磷 200～500 毫克/千克、氧化钾 400～600 毫克/千克。育苗土中添加化肥的量可根据其有效养分含量推算,一般 100 千克育苗土添加硫酸铵 450～550 克、过磷酸钙 800～1 000 克、硫酸钾 800～1 000 克,添加的速效养分要与育苗土混合均匀,以免出现局部养分浓度过高而抑制幼苗生长的现象。

17. 茄子育苗床土的消毒方法有哪些?

茄子育苗床土消毒方法如下。

(1) 物理消毒 蒸汽消毒、太阳能消毒、微波消毒等。

太阳能消毒法是在播种前,床土用薄膜覆盖好,晴天土壤温度可升至 50℃～60℃,密闭 15～20 天,可杀死土壤中的多种病原微生物。床土消毒工作量大,费工费力。欧美国家常采用蒸汽进行床土消毒,对预防猝倒病、立枯病、枯萎病、菌核病等有良好的效果。具体做法是,将备用土壤堆积,覆盖,然后通蒸汽,利用产生的高温消毒,一般持续7天,这种方法消毒没有任何毒害产生。

(2)药剂消毒 常用甲醛、甲基硫菌灵、多菌灵、敌百虫等。配制营养土时,每立方米营养土加入70%甲基硫菌灵,或50%多菌灵可湿性粉剂100克,或90%晶体敌百虫20克,或用40%甲醛200倍液喷洒床土,喷后混合均匀密封堆置5～7天,然后揭开薄膜使药剂气味挥发,可以有效地防止秧苗猝倒病和菌核病。

18. 棚室茄子育苗床土覆盖多厚为好? 如何防止茄子戴帽出土?

棚室茄子育苗,覆土时间的早晚、土粒的粗细和覆土的厚薄,都会影响出全苗和培育壮苗。浇水播种后,要等水渗干再覆土。覆土以团粒结构好、有机质丰富、疏松透气不易板结的土壤为宜。覆土厚度一般为0.5厘米,不能超过1厘米。如果覆土太薄,容易出现种子戴帽出土,严重影响发芽质量;如果覆土太厚,延长发芽时间,降低秧苗的质量。

造成种子戴帽出土的原因很多,如种皮干燥,或覆土太干,致使种皮变干。覆土过薄,土壤挤压力小。出苗后过早揭掉覆盖物或在晴天中午揭膜,致使种皮在脱落前变干。地温低,导致出苗时间延长。种子生活力弱等。

防止种子戴帽出土的方法如下:一是营养土要细碎,播种前浇足底水。浸种催芽后再播种,因为干籽直播容易出现戴帽出土现象。覆盖潮湿细土,不要覆盖干土。覆土不能过薄,厚度要一致。二是必要时在播种后覆盖无纺布、碎草保湿,使床土从种子发芽到出苗期间保持湿润状态。幼苗刚出土时,如床土过干要立即用喷壶洒水,保持床土潮湿。三是发现有覆土太浅的地方,可补撒一层湿润细土。四是发现戴帽苗,可用手将种皮摘掉,操作要轻,切不可硬摘。

19. 什么是土壤次生盐渍化? 如何解决棚室茄子土壤次生盐渍化问题?

土壤次生盐渍化是指在干旱、半干旱地区由于水文地质条件的不同而存在的非盐渍化土壤,因人类的不合理灌溉,促使地下水中的盐分沿土壤毛细管孔隙上升并在地表积累,由此引起的土壤盐渍化称次生盐渍化。温室土壤次生盐渍化很大程度上是由于主观因素造成的,主要是不合理施肥。由于温室茄子生产具有高投入高产出的特点,农户为了获得较高的产量和经济效益,受"施肥越多产量越高"观念的影响,往往存在盲目、超量施用化肥的现象。

解决措施如下。

第一,配方施肥。就是根据茄子的需肥规律、土壤供肥能力,在施用有机肥的前提下,提出氮、磷、钾等主要元素的用量及比例,做到因地块合理计量施肥。在计算应施肥料数量时,必须确定合适的目标产量并考虑到当地条件下的肥料利用率。

第二,增施有机肥和有机物料。有机肥和有机物料富含各种养分和生理活性物质,能改善土壤物理结构,提高微生物活性,保持土壤肥力。适当用量的猪粪、鸡粪、稻草、豆秸、玉米秸秆等均可起到减轻和防御土壤盐分表聚的作用,能改善土壤的理化特性,促进连作蔬菜生长。但是要注意,在温室内长期大量使用动物粪肥、垃圾肥也可能会造成土壤酸化和表层盐分积累。

第三,施用新型肥料。新型肥料力求通过改变肥料本身的特性来提高肥料的利用率,并减少对环境的污染。目前有生物菌肥等产品。施用生物有机肥可减轻蔬菜连作障碍,既能改善土壤结构和理化特性,改进土壤养分状况,增进土壤肥力,又能增加土壤微生物总量,提高微生物活性。试验证明,EM生物制剂与有机肥混用可有效地减轻茄子连作障碍。

第四,地面覆盖。棚室土表用地膜或切碎的秸秆覆盖,可以减少水分蒸发,并且蒸发的水分在地膜内表面凝结形成水滴,重新落回地面可以洗刷表土盐分,防止表层土壤盐分积累。

第五,生物除盐。利用棚室夏季高温休闲期种植生长速度快、吸肥能力强的苏丹草或玉米等,可从土壤中吸收大量游离的氮素,从而降低土壤溶液的浓度。

第六,深翻和灌水。利用休闲期深翻,使含盐多的表层土与含盐少的深层土混合,起到稀释耕层土壤盐分的作用。

20. 棚室茄子生产中造成土壤板结的原因有哪些?

栽培茄子的土壤团粒结构受到破坏,致使土壤保水、保肥能力及通透性降低,引起土壤板结。造成茄子土壤板结的因素有以下几个方面。

第一,土壤质地过黏,耕作层较浅。黏土中的黏粒含量较多,加之耕作层平均不到 20 厘米,土壤中毛细管孔隙较少,通气、透水、增温性较差,浇水以后,容易堵塞孔隙,造成土壤表层结皮。

第二,茄子生产中,有机肥施用严重不足、秸秆还田量较少。使土壤中有机物质补充不足,土壤有机质含量偏低、结构变差,影响微生物的活性,从而影响土壤团粒结构的形成,造成土壤的酸碱性过大或过小,导致土壤板结。

第三,茄子生产中,长期单一地偏施化肥。农家肥严重不足,重氮轻磷钾肥,土壤有机质下降,腐殖质不能得到及时补充,引起土壤板结。

氮肥过量施入,有机质含量低,影响微生物的活性,从而影响土壤团粒结构的形成,导致土壤板结。

磷肥过量施入,磷肥中的磷酸根离子与土壤中钙、镁等阳离子结合形成难溶性磷酸盐,既浪费磷肥,又破坏了土壤团粒结构,致使土壤板结。

钾肥过量施入,钾肥中的钾离子置换性特别强,能将形成土壤团粒结构的多价阳离子置换出来,而一价的钾离子不具有键桥作用,土壤团粒结构的键桥被破坏了,也就破坏了团粒结构,致使土壤板结。

第四,茄子生产中有害物质的积累,部分地方地下水和工业废水及有毒物质含量高,长期用来灌溉茄子,导致有毒物质积累过量引起表层土壤板结。

21. 如何解决茄子生产中土壤板结问题?

茄子生产中,可采用以下几种方式解决土壤板结的问题。

（1）客土　采用掺沙客土和增施有机肥的办法，彻底改变土壤理化性状。增施有机肥和采用秸秆还田，提高土壤有机质含量，增强土壤微生物的活性，把有机质提高到 3％ 以上。如实行轮作，增施农家肥，推广新型有机肥等。

（2）推广测土配方施肥技术　根据土壤化验结果，采用有机肥与无机肥结合，增施有机肥，合理施用化肥，补施微量元素肥料。这样化肥施入土壤不但不会使土壤板结，而且会增加有机质含量，改善土壤结构，在增加肥力的同时增加透水透气性，进一步提高土壤质量。

（3）适度深耕　适度深耕应为 25～30 厘米，有利于保护茄子土壤耕作层结构不被破坏和茄子根系生长。深耕与旋耕相结合。深耕不必每年进行，结合旋耕，隔 3～4 年深耕 1 次，充分打破旋耕深度不足耕层变浅的问题。

（4）推广施用生物肥料　进一步改良土壤，减少板结，促进茄子生长。

22. 棚室茄子栽培土壤进行隔年深翻有什么好处？

在棚室茄子生产整个过程中，通过农具的物理机械作用，进行土壤耕作，根据土壤的特性和茄子的要求，改善土壤耕层结构和表层状况，调节土壤中水、肥、气、热等因素，为茄子播种、出苗和定植等，创造适宜的土壤环境条件。棚室茄子栽培土壤进行隔年深翻的好处有以下几个方面。

第一,茄子栽培进行深翻能够疏松耕层。在茄子生长过程中,由于人为踩踏、机械耕作、灌溉以及土壤本身特性的变化,耕层土壤不可避免地趋于紧实,地面板结,透水透气性变坏,影响茄子根系下扎和正常生长。经过耕翻,可以改善土壤的理化性质,增加蓄水、保水和保肥供肥的能力,促进作物生育。

第二,进行深翻能够加深耕层。通过耕翻将耕层土壤上下翻转改善耕层的物理化学和生物状况,耕翻将地面上的作物残茎、秸秆落叶及一些杂草和施用的有机肥料一起翻埋到耕层内与土壤混拌,经过微生物的分解形成腐殖质。而腐殖质既能增加土壤中团粒结构,又能提高土壤肥力。

第三,深翻后起垄做畦增加土壤与大气的接触面,增加太阳照射面积,提高地温,有利于浇水、排水透气,有利于茄子根系的生长。

23. 棚室茄子为什么要进行轮作换茬?

棚室茄子进行轮作换茬的好处如下。

第一,棚室茄子进行轮作换茬能够改善土壤结构,防止出现板结等,充分利用土壤营养。连年在同一块土地上种茄子,由于对营养的选择性吸收,往往会造成土壤板结和某些养分的亏缺,而使茄子生长不良。在轮作换茬的情况下,由于不同蔬菜吸收的营养不同,根系分布的深度不同,可以改善土壤结构。例如,豆类蔬菜能固定空气中的氮,而且根系扎得深,能从土壤深层吸收钙;薯芋类蔬菜能吸收较多的钾;叶菜类需要较多的氮;果菜类需要较多的磷。因此,对需肥特点不同的蔬菜实行轮作,就可充分利用土壤中的各种养分。

第二,棚室茄子生产中进行轮作换茬能够避免茄子土传病虫害的发生和连续危害。茄子在连作的情况下,往往使病虫害发生严重,特别是土传病害、茄子类枯萎病等。而轮作倒茬则可以防止病虫害的严重发生和连续危害。

第三,进行轮作换茬能够破坏杂草与茄子的伴生关系,从而在一定程度上减少杂草的滋生。

第四,棚室茄子轮作换茬后土壤的团粒结构可以得到改善。

24. 棚室茄子轮作换茬应注意什么问题?

棚室茄子轮作换茬应注意以下几个方面的问题。

第一,棚室茄子轮作换茬注意确定换茬作物为不同科类,选择生育期不同、茬口季节早晚不同的作物与茄子轮作,尤其是禾本科作物较好。

第二,棚室茄子轮作换茬注意错开农忙季节,避免劳力紧张,保证各项农事作业如期完成,使各种作物都处于最佳的生长季节,从而获得高产、高效。

第三,棚室茄子轮作注意掌握换茬时间,一般坚持至少 5 年。

25. 棚室茄子栽培如何治理连作障碍?

连作障碍不单单是连作造成的,长期不合理的农事管理积累也是原因之一,治理连作障碍要从土壤改良做起,从棚室土壤管理的各个环节抓起。

(1)实行茄子轮作换茬 对于茄子连作而造成的土壤恶化,需要通过轮作做起,与玉米轮作等,可有效降低土壤盐分,减轻连作危害。

(2)高温闷棚、消毒 前茬茄子拔秧后,每 667 米^{2}施石灰氮(氰氨化钙)70～80 千克、粉碎麦秸 500～1 000 千克,深翻、耙平。盖好地膜,灌水后封闭温室,高温处理15～20 天,通风并揭去地膜晾晒 5～7 天,再施肥、整地。

(3)深翻土壤,避免耕作层变浅 由于连年使用旋耕机翻地使得土壤耕作层变浅,不利于根系生长,容易因浇水施肥而造成伤根。可用旋耕机打地与人工深翻相结合的方法,翻地深 30 厘米左右,避免 10～15 厘米的耕作层形成硬底层,导致耕作层变浅。

(4)重视有机肥的使用,减少化肥的用量 土壤板结、"泛青"现象突出,可以说是常年大量施用化肥,土壤中有机质缺乏的表现,只有补充有机质才能解决土壤板结的现状。同时,有机肥营养全,可长期均衡地供应茄子生长所需的营养,避免生长后期脱肥早衰的现象发生,是化学肥料所不能替代的。因此,要重施有机肥,茄子每667 米^{2}用鸡粪 10～13 米^3。但是鸡粪在使用前必须腐熟,以免烧根熏苗。

(5)要增施生物菌肥,维护土壤微生物的平衡 菌肥不仅有降解土壤盐害、改良土壤的作用,而且还有以菌抑菌预防蔬菜死棵,增加土壤有益菌数量,维护土壤微生物平衡的功效。

26. 新建茄子棚室土壤如何进行处理?

新建茄子棚室土壤处理方式如下。

(1)注意改土 新建茄子棚室进行推土等机械作业时,土壤原有的耕作层("熟土")基本上被推成了墙体,大棚内的土壤都是原有耕作层以下的土壤,也就是"生土"。如何进行改土是茄子高产的关键。根据土壤质地,可采用相应的措施改良。如果条件允许,可以适当地改良土壤组成,黏质的土壤,适当掺入沙土等。沙土则应掺入黏土,以改善土质。改良土壤,施用腐熟秸秆是一个很好的方法。

(2)增大肥料用量 刚建好的茄子大棚土壤中有机质、氮磷钾等营养元素较少,影响茄子产量,在第一年要加大肥料的施用量,提高土壤肥力。

(3)深翻土壤 由于建棚过程中,推土机等机械和人工的碾压使土壤变硬,严重破坏了土壤原有的结构。通过深翻土壤,增施有机肥,可以较好地疏松改良土壤,有利于茄子根系的生长。撒好肥料后,人工用铁锹翻地,深度达到40~50厘米,将施入的肥料深翻均匀。

(4)多施生物菌肥 通过使用生物菌肥,可以快速补充土壤中的有益菌,使其成为优势菌落,促进茄子根系生长健壮。新建大棚施用生物菌肥的用量较大,最好普施与穴施方法相结合。在翻耕土壤之前,将部分生物菌肥随粪肥等一起撒到大棚内,深翻。定植时,在定植穴内再撒上部分菌肥。某些根际微生物能够产生维生素、氨基酸或生长素,这些物质不仅刺激其他一些根际微生物的生长,还对茄子的生长起到促进作用。根际微生物能够分泌抗生素类物质,有助于茄子避免土著性病原的侵染,增强茄子对某些病害的抵抗力。

27. 新建茄子棚室土壤如何进行消毒处理?

新建茄子温室大棚,由于施用的材料、换土、施肥等多方面影响,常造成土壤和棚室中的病原菌、虫卵积累,需要进行土壤以及整个棚室的消毒,生产中常见的处理方法如下。

(1)进行太阳能消毒 新建棚室整理、施充分腐熟的有机肥料后,立即用薄膜覆盖密闭好棚室,气温达55℃以上,经高温处理20~30天,就可大量杀灭土壤中的病原菌和虫卵,减轻茄子土传病虫害的发生。

(2)进行药剂消毒 在茄子播种前将药剂施入土壤中,防止种子带病和土传病虫害的蔓延。

①多菌灵 多菌灵杀菌谱广,能防治多种真菌病害,对子囊菌和半知菌引起的病害防治效果较好。用50%多菌灵可湿性粉剂,每平方米用药1.5克,能有效防治茄子苗期的多种病害。

②百菌清 每平方米用45%百菌清烟剂1克熏棚5~7小时,能有效杀灭茄子保护地内的多种真菌病害。

③波尔多液 每平方米用波尔多液(配比为硫酸铜∶石灰∶水=1∶1∶100)2.5千克,喷洒土壤,对茄子的灰霉病、褐斑病、锈病和炭疽病等效果明显。

④甲醛 每平方米用40%甲醛50毫升,加水6~12升,播前10~15天用喷雾器在棚内土壤上进行喷洒,用薄膜密闭盖严,播前1周揭膜,使药液充分挥发。

⑤石灰氮消毒 石灰氮是一种高效土壤消毒剂,具

有消毒、灭虫、防病的作用。在夏季高温使用,每 667 米^{2}用麦秸 1 000～2 000 千克,撒于地面。然后在麦秸上撒施石灰氮 50～100 千克,翻地深 30～35 厘米,尽量将麦秸翻压在地下层。做高 30 厘米、宽 60～70 厘米的畦,地面用薄膜密封,四周盖严。畦间灌水,浇足浇透,在高温强光下闷棚 20～30 天。闷棚结束后将棚膜、地膜揭掉,耕翻、晾晒,即可种植。

三、棚室茄子栽培肥料管理

1. 棚室茄子施肥存在哪些问题?

目前,在棚室茄子施肥上存在基肥用量过大、追肥次数多且用量也较大的情况。棚室茄子栽培,由于菜农喜欢用冲施肥作追肥,多数水冲肥含氮量大,含磷、钾少,甚至不含磷、钾,所以造成氮量过多,磷较少,钾不足。棚室茄子栽培重视大量元素的施用,轻视中量、微量元素肥料的施用,造成中量、微量元素相对缺乏。由于没有按照测土配方施肥进行茄子生产,长期不合理施用肥料,将会导致土壤中各种营养元素比例失调,盐化现象日趋严重。棚室茄子施肥有如下问题。

第一,以肥效快慢选肥,化肥的施用量过多,有机肥的施用量偏少。这种现象极为普遍,这是因为多数菜农沿用露地蔬菜管理技术管理棚室蔬菜。温室内栽培茄子,生态环境发生了变化,制约产量高低的主要因素,已由肥料的科学施用转变为温室温度是否合理,室内空气中二氧化碳的含量是否充足。化肥对于两者不起什么作用,而有机肥料不但能为作物提供各种肥料元素,更重要的是,有机肥料还能源源不断地释放二氧化碳,提高土壤温度。因此,在棚室内栽培蔬菜应以施用有机肥料为主。

第二,认为只要植株好就能结果实,盲目增大施肥量,尤其是氮肥施用量过多。忽视土壤养分情况和作物需要量,盲目大量施肥,将导致肥料利用率低下,土壤环境恶化,经济效益和生态效益低下。

第三,追肥随意性强,操作时不开启通风口,或是不能严格执行"撒肥、翻掘、浇水、覆膜同步进行"的技术规程,往往是先把整个或大部分设施的肥料撒上,再去掘翻、浇水、覆膜。造成设施内氨气浓度过高,危害植株,轻者叶片边缘及叶尖干枯,中等受害者部分叶片干枯,严重者可使植株萎蔫死亡;同时,还会造成设施内湿度过大,引起病害的发生与蔓延。

第四,追肥习惯以速效化肥为主,不注重二氧化碳气肥的施用。棚室空气中二氧化碳浓度过低,则制约光合作用效率的发挥,速效化肥追施得再多也是毫无意义的。同时,速效化肥追施得过多,特别是氮素化肥施用量偏多,会提高作物产品中硝酸盐、亚硝酸盐的含量,使蔬菜产品成为对人有害的致癌产品而不能食用。

因此,棚室茄子施肥,应坚持以有机肥料为主,注意经常追施有机肥料,才能为作物提供最全面的肥料供应。

同时,注意满足作物进行光合作用对二氧化碳的需求,避免作物缺素症等生理性病害的发生,以及避免土壤盐渍化的发生。

2. 茄子的需肥特点是什么?

茄子是喜肥作物,土壤状况和施肥水平对茄子的坐果率影响较大。在营养条件好时,落花少,营养不良会使短柱花增加,花器发育不良,不易坐果。此外,营养状况还影响开花的位置,营养充足时,开花部位的枝条可展开4~5片叶;营养不良时,展开的叶片很少,落花增多。茄子对氮、磷、钾的吸收量,随着生育期的延长而增加。

每1000千克茄子需氮3~4千克、磷0.7~1千克、钾4~6.6千克、钙3.5~5千克。一般每667米^{2}茄子产量为5000~8000千克。

苗期氮、磷、钾三要素的吸收仅为其总量的0.05%、0.07%、0.09%。开花初期吸收量逐渐增加,到盛果期至末果期养分的吸收量约占全期的90%以上,其中盛果期占2/3左右。各生育期对养分的要求不同,生育初期的肥料主要是促进植株的营养生长,随着生育期的进展,养分向花和果实的输送量增加。在盛花期,氮和钾的吸收量显著增加,这个时期如果氮素不足,花发育不良,短柱花增多,产量降低。

3. 棚室茄子合理施肥的目的和需要考虑的问题是什么？

(1)棚室茄子合理施肥的目的　获得高产和优质；以最少的投入获得最好的经济效益；改善土壤环境条件，为茄子高产稳产打下良好的基础，做到用地与养地相结合；既可获得显著的经济效益，又可保护茄子产品和生态环境不受污染。

(2)棚室茄子合理施肥需要考虑的问题　一是考虑茄子的营养特性。由于茄子在不同的生育时期对营养元素吸收的种类、数量及其比例都有不同的要求，因此合理施肥要根据茄子不同生育时期的不同营养需要进行。二是考虑茄子栽培土壤的性质，考虑土壤中各养分的含量、保肥供肥能力和是否存在障碍因子等情况。三是要充分考虑不同季节气候与施肥的关系。不同季节肥料的利用率不同，从而影响施肥效果，如早春茬和秋茬的季节系数分别是 0.7 和 1.2。四是考虑与其他农业技术措施配合施肥，同时要考虑土地的利用系数，茄子生产土地利用系数一般为 0.8。

4. 什么是测土配方施肥？棚室茄子为什么要开展测土配方施肥？

茄子测土配方施肥是以土壤测试和肥料田间试验为基础，根据茄子需肥规律、土壤供肥性能和肥料效应，在合理供肥的基础上，提出氮、磷、钾及中量、微量元素等肥料的施用数量、施肥时间和施用方法，指导农民科学合理使用配方肥。

如果茄子生产过程中，需肥情况、土壤的供肥能力、肥料的效能三者之间出现了不平衡，就会造成产量降低，品质下降，效益受到影响，原因主要是施肥不合理，比例失调造成的。表现为资源浪费，个别化肥施用量大，特别是氮肥施用量偏大，投入成本高。土壤板结，肥力下降，重施氮、磷肥、轻施钾肥。土壤污染严重，过量施化肥，土壤盐分积渍，使茄子产生许多生理现象病害。茄子产量不高，品质下降。茄子生产中进行测土配方施肥能够有效地解决上述问题。

5. 棚室茄子测土配方施肥应遵循哪些原则？

（1）有机与无机相结合原则　实施测土配方施肥必须以有机肥料为基础。土壤有机质是土壤肥沃程度的重要指标。增施有机肥料可以增加土壤有机质含量,改善土壤理化生物性状,提高土壤保水保肥能力,增强土壤微生物的活性,促进化肥利用率的提高。因此,必须坚持多种形式的有机肥料投入,才能够培肥地力,实现茄子生产可持续发展。

(2)大量、中量、微量元素配合原则 各种营养元素的配合是配方施肥的重要内容,随着产量的不断提高,在耕地高度集约利用的情况下,必须进一步强调氮、磷、钾肥的相互配合,并补充必要的中量、微量元素,才能获得高产稳产。

(3)用地与养地相结合原则 要使茄子—土壤—肥料形成物质和能量的良性循环,必须坚持用养结合,投入产出相平衡。只有坚持增施有机肥,氮、磷、钾和微量元素肥料合理配施的原则,才能达到高产、优质、低耗。棚室茄子生产一般在每年的6月20日至7月20日休地养地。

6. 棚室茄子如何进行配方施肥?

棚室茄子配方施肥首先要进行土壤测试,掌握土壤肥力状况,根据茄子需肥规律、土壤供肥性能和肥料效应,在合理施用有机肥料的基础上,提出氮、磷、钾及中量、微量元素等肥料的施用数量、施肥时期和施用方法,以及相应的施肥技术。

(1)测土 即摸清土壤的家底,掌握土壤的供肥性能。首先要确定采样点,采样点的分布要做到尽量等量、均匀和随机。在棚室区内沿"之"字形线或对角线等距离随机取 10～15 个样点的土样,采样点要避开粪堆、地边等特殊地点。最后是采样,采样点确定后,每点垂直采集耕层(0～20 厘米)的土壤,多点混合。一个混合土样以取 1 千克左右为宜,用四分法将多余的土壤弃去。将土样装入土袋后,写好标签,注明采样深度、日期,以备化验。

(2)配方 即调查记载取样地块茄子产量水平、土壤类型、施肥水平等有关事项。根据土壤缺什么,确定补什么,其核心是根据土壤类型、茄子生产状况和产量要求,种植前确定施用肥料的配方、品种和数量。

(3)施肥 按照土壤分析技术规范,分析所需测定的土壤养分属性,包括测定土壤碱解氮、有效磷、速效钾、有效硼和有效锌等大量元素及中量、微量元素,合理安排基肥和追肥比例,确定施用时间和方法,以发挥肥料的最大增产作用。

7. 棚室茄子施肥有哪些误区?

第一,使用未完全腐熟的鸡粪,并认为鸡粪越臭效果越好。应该用充分腐熟的鸡粪,实际上腐熟好的鸡粪几乎没有恶臭味。未经过充分腐熟的鸡粪施到地里,经过二次发酵,极易产生氨害。当温室内空气中氨气浓度达到 5 微升/升即可使作物受害;当氨气浓度达到 40 微升/升作物就会发生烂根、烧苗现象。

第二,重施化肥,尤其是磷肥,轻施有机肥,忽视配方施肥。有些农户每 667 米² 用磷酸二铵在 200 千克以上。由于过量施用化学肥料,造成土壤板结,土壤盐分浓度过高,影响茄子的产量。有些农户为降低成本,通过选用过磷酸钙和钙镁磷肥作基肥、后期追施氮肥的办法,提高茄子产量。这是一种误解,单用磷肥茄子利用率极低,因为氮磷钾三要素只有按适当的比例配合使用,才能保证茄子的正常生长。据研究报道,缺氮会严重影响茄子对磷的吸收,一般缺磷的土壤也缺氮,氮、磷比例配合好,可以把磷的利用率由 13.8% 提高到 30%。因此,氮、磷肥配合使用,能充分发挥氮肥和磷肥的增产作用。另外,磷肥在钙质土和酸性土壤中容易产生化学固定。因此,需要采用条施、穴施、拌种、叶面喷施、基肥深施等方法,减少磷肥与土壤的接触面积,才能更好地提高磷肥的利用率。

第三,重施基肥,忽视叶面追肥和中量、微量元素肥料的施用。由于大棚茄子多年连作,农户只重视对化学肥料的投入,而忽视对微量元素的补充。因此,通过叶面施肥,可以较好地弥补微量元素的缺乏。中量、微量元素有其他元素不可替代的作用,实践证明,钙、硼、硫、铁、锰、锌等中量、微量元素,对提高茄子产量和品质十分重要。当茄子缺铁时,根系不发达,生长点停止生长,叶缘上卷,叶片不伸展;当茄子缺镁时,芽生长停止,叶面发黄发白,叶缘坏死失绿;当茄子缺锌时,嫩叶生长不正常,芽呈丛生状。这些症状都可以通过叶面追肥得到缓解。

8. 棚室茄子栽培是不是施肥越多产量越高?

茄子高产离不开施肥,但并不是肥料施得越多,产量就越高。施用肥料可提高土壤肥力,改善土壤性状,创造最佳的茄子营养环境,从而提高茄子的产量和质量。但在实际施肥过程中,往往存在着很多误区,不仅影响产量,也影响着品质和效益。在一定肥力范围内,随着肥料施用量的增加,茄子产量增加。超过一定数值,随着肥料施用量的增加,副作用增加,茄子植株生长受到影响,产量反而降低。一般来说,茄子生产对化肥的平均利用率,氮为 $40\% \sim 50\%$,磷为 $10\% \sim 20\%$,钾为 $30\% \sim 40\%$。科学施肥不能单凭感性经验盲目施肥,只能按照茄子的需肥特点和棚室土壤的具体供肥条件,科学合理地选用优质肥料,平衡全面施肥,才能实现茄子优质高产的目的。

9. 新建棚室茄子如何施肥效果好?

注意大量施用充分腐熟的有机肥,如鸡、鸭粪一般每 667 米² 需要 8~12 米³ ,施用充分腐熟的秸秆 3~5 厘米,施用三元复合肥 70~90 千克,增施生物菌肥,将以上肥料深翻混合均匀。

10. 棚室茄子常用的施肥方法有哪些?

(1)普施　指将肥料均匀地撒在土壤表面后,通过耕翻混入土壤根层的施用方法。这种方法在作为基肥的有机肥的施用,不易造成茄子烧苗。普施的有机肥数量多,为提高肥效,兼顾无机肥的施用。

(2)条施和沟施　在茄子播种或定植后,在行间成条状撒施肥料,行内不施肥。条施一般要耕翻混入土壤。沟施即在开好播种沟或定植沟后,将肥料施入沟内再覆土的施肥方法。条施和沟施多用于化肥或肥效较高的有机肥的追肥。

(3)穴施和环施　穴施是在茄子定植的同时,随定植穴施入肥料或在栽培过程中于根茎附近地面开穴施入肥料,并埋入土壤的施肥方式。穴施可以实现集中施肥,有利于提高肥效,减少肥料被土壤固定和流失。环施是在茄子植株的周边以植株为圆中心,开沟施入肥料。

(4)随水冲施 将肥料浸泡在盛水的容器中,在灌溉的同时将未完全溶解的肥料随灌溉水施入土壤。劳动效率高,操作简单,不需要专门的仪器设备。适合茄子生长的后期在畦内沟灌无机肥的追肥,或冲施肥。

(5)肥水一体化 水肥一体化技术是将灌溉与施肥融为一体的农业新技术。实施水肥一体化技术要配套应用病虫害防治和田间管理技术,采用地膜覆盖技术,形成膜下滴灌等形式充分发挥节水节肥优势,达到提高产量、改善品质、增加效益的目的。水肥一体化技术实现了平衡施肥和集中施肥,减少了肥料挥发和流失,以及养分过剩造成的损失,具有施肥简便、供肥及时、作物易于吸收、提高肥料利用率等优点。

11. 棚室茄子栽培如何应用敞穴施肥法?

敞穴施肥法是在两株茄子中间的垄上挖 1 个敞穴,穴在灌水沟的内侧,向沟内侧敞开口,口低于沟灌水位但高于沟底 5 厘米,使得部分灌水可流入穴内,以溶解和扩散肥料。株距 45 厘米以上的,可在每株之间设一个穴,株距 25～30 厘米,可采用大小株距相间的方法设穴。敞穴施肥示意图见图 1。覆盖地膜后,在穴上方将地膜撕开一个小孔,孔洞的大小以方便向穴内施肥为度。在每次

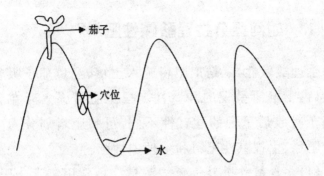

图 1　敞穴施肥示意图

灌水前 1～2 天,将肥料施入穴内,一次制穴,茄子整个生育期使用。敞穴施肥较常规穴施减少了每次的挖穴,覆土的程序。克服了冲施肥供肥强度低,肥料利用率低的缺点。实现了集中施肥,提高了利用率。一般秋冬季每 667 米^2 每次施复合肥 13～15 千克,春季 20～30 千克。由于集中施肥,节约用量 40%～50%。

12. 棚室茄子栽培常用的肥料种类有哪些?

棚室茄子栽培常用的肥料有:有机肥料、无机肥料、生物菌肥、有机无机混合肥料等。有机肥有腐熟厩肥、豆粕、腐熟鸡粪、腐熟鸭粪、人粪尿、堆肥、腐熟作物秸秆等。无机肥有尿素、三元复合肥、硫酸钾、硫酸铵、磷酸二氢钾、磷酸二铵、过磷酸钙等。生物菌肥有酵素菌肥、EM 菌肥、光合菌肥等。

13. 如何区分生理酸碱性肥料?

生理酸碱性,就是把肥料施入土壤,经过茄子吸收作用以后,土壤所呈现的酸碱性。根据肥料施入后在土壤中茄子吸收后呈现的酸碱性不同,可将肥料划分为生理酸性肥料、生理碱性肥料和生理中性肥料。

(1)生理酸性肥料 硫酸铵是一种常用氮素化肥,施用后可在土壤中分解为铵离子和硫酸根离子,虽然这两种离子均能被茄子吸收、利用,但茄子吸收的铵离子量远远大于硫酸根离子,因而大部分硫酸根离子遗留在土壤中。在茄子吸收铵离子的同时,又释放出氢离子,使土壤呈酸性,因而称为生理酸性肥料。

(2)生理碱性肥料 硝酸钠、硝酸钙等肥料施入土壤后,经过茄子吸收作用以后土壤呈现碱性,因而称为生理碱性肥料。

(3)生理中性肥料 硝酸铵、尿素等肥料施入土壤,经过茄子吸收作用以后土壤呈现中性或接近中性,因而称为生理中性肥料。

为了发挥肥料的经济效益,茄子在碱性土壤上栽培时,选用酸性或生理酸性肥料,如硫酸铵、硫酸钾、过磷酸钙、氯化钾等。茄子在酸性土壤上栽培时,应选用碱性或生理碱性肥料,如尿素、钙镁磷肥、硝酸钙等。其作用是通过肥料的酸碱性去中和、调节土壤的酸碱性,使其逐渐向中性方向转化,以提高肥料养分的可溶性,可给性和有效性,这是改良土壤的重要措施之一。

　　长期在酸性土壤上施用酸性肥料,就会使土壤酸化、板结化和贫瘠化;而在石灰性或碱性土壤上偏施碱性或生理碱性肥料,就会造成土壤次生盐碱化、结构恶化和肥力退化,都严重影响茄子生长发育。

14. 棚室茄子施用有机肥料有什么优缺点?

　　有机肥含有丰富的有机质和各种养分,它不仅可以为茄子直接提供养分,而且可以活化土壤中的潜在养分,增强微生物活性,促进物质转化。

　　施用有机肥料,还能改善土壤的理化性状,提高土壤肥力,防治土壤污染,这是化肥所不具备的。充分利用有机肥源,合理施用,能使农业废弃物再度利用,减少化肥投入,保护农村环境,创造良好的农业生态系统,又可以达到培肥土壤、稳产高产、增产增收的目的。

　　有机肥料也有不少缺点,如养分含量低,发酵时间长,肥效缓慢,肥料中的养分当季利用率低等,有机肥料施肥数量大,运输和施用耗费劳力多等。

15. 棚室茄子生施有机肥有什么弊端?

　　(1)传染病虫害 粪便、生活垃圾等有机物料中含有大肠菌、线虫等病菌和害虫,直接施用导致病虫害的传播、茄子发病,对食用农产品的人体健康也产生不良影响。未腐熟有机物料在土壤中发酵时,容易滋生病菌与虫害,也导致茄子病虫害的发生。

(2)发酵烧苗　不发酵的生粪等有机物料施到地里后,当发酵条件具备时会在微生物的活动下发酵;当发酵部位距茄根较近且茄子植株较小时,发酵产生的热量会影响作物生长,严重时会导致植株死亡。

(3)毒气危害　在分解过程中产生甲烷、氨等有害气体,使土壤和茄子产生酸害和根系损伤。

(4)肥效缓慢　未发酵腐熟的有机肥料中养分多为有机态或缓效态,不能被茄子直接吸收利用,只有分解转化成速效态才能被作物吸收利用,所以未发酵有机肥直接施用可使肥效减慢。

16. 棚室茄子生施鸡、鸭粪等有机肥有什么弊端?如何科学堆沤腐熟鸡、鸭粪等有机肥?

(1)棚室茄子生施鸡、鸭粪等有机肥的弊端

第一,新鲜鸡、鸭粪中的氮主要为尿酸盐类,这种盐类不易被茄子直接吸收利用,而且对茄子根系的生长有害。

第二,新鲜鸡、鸭粪施入土壤后,鸡、鸭粪发酵温度高,易伤茄子幼根,新鲜粪便一般不宜直接施用,需加入污水或与其他有机肥料作堆肥混合堆积,经过堆沤充分腐熟后才能施用。

第三,鸡、鸭饲料中的添加剂含激素成分很高,只有通过堆制腐熟才能进行脱激素处理。

第四,鸡、鸭粪肥中有芽孢杆菌、大肠杆菌等 10 多个属的真菌和一些寄生虫等,自身带较多病菌、虫卵,生施易引发病虫害的传播。

第五,部分鸡、鸭粪存在着中量、微量元素含量超标的问题。在畜禽饲料中,由于大量添加铜、铁、锌、锰、钴、硒和碘等中量、微量元素,使得许多未被畜禽吸收的中量、微量元素积累在畜禽粪便中。

(2)棚室茄子科学堆沤腐熟鸡、鸭粪等有机肥的方法

第一,选择距离茄子棚室较近的位置。堆肥场地要选在背风、向阳、地势高燥的地方,一般每 667 米² 需要 8~12 米³。

第二,挖坑。根据茄子棚室面积大小,深挖一个坑穴,一般深度 3 米,在堆肥地面以及四周铺农膜,防止养分流失。

第三,将鸡、鸭粪等有机肥放入挖好的坑中,并要混入约 3% 的过磷酸钙和粪土翻匀。加入过磷酸钙主要是防止有机肥中的氮素流失,并能增加微生物的活动。用农膜压严,提高温度,尽快腐熟。夏季一般 40 天左右即可腐熟。当有机肥颜色由原来的灰色变成紫色、黑色，质地松散，无恶臭味时，说明已经腐熟完成，可用作茄子基肥。

17. 棚室茄子偏施化肥有什么危害？

茄子生产施肥必须遵循有利于提高产量、培肥土壤，利于改善环境的原则，克服传统做法在施肥上的随机性、盲目性、单一性、习惯性。茄子过量偏施化肥，往往超出其正常生理需要而过多地吸收养分，只能增加茄子体内养分的浓度，不仅对产量的增加没有作用，还会对土壤结构造成不良影响。长期偏施化肥，易导致土壤有机质下降，破坏土壤结构，造成茄子产品质量下降。例如，偏施氮肥，茄子营养器官生长旺盛，形成的碳水化合物用于蛋白质的合成，则纤维与木质的形成减少，茎秆及叶鞘的机械组织不发达，茎秆柔软、容易折倒，而且开花、结果延迟。其次，茄子病虫害发生严重，并影响作物对微量元素的吸收。

18. 棚室茄子生产如何施用尿素？施用时应注意什么问题？

第一，在茄子生产中，尿素适合作基肥和追肥，一般不作种肥用。因为尿素容易破坏茄子种子蛋白质的结构,使蛋白质变性,影响种子的发芽和幼苗根系的生长,严重时会使种子失去发芽的能力。

第二,在茄子生产中,尿素可用作根外追肥,因为尿素是酰胺态肥料,中性,对茄子茎叶烧伤很小;尿素分子体积小,易于透过细胞膜进入细胞;尿素本身有吸湿性,容易被叶片吸收,尿素往叶内透入时,引起质壁分离的情况少,即使发生也会很快恢复。所以,尿素作根外追肥比其他氮素肥料的效果好。一般情况下,每 667 米² 每次施用尿素 0.5～2.5 千克,每 5～7 天 1 次,3 次即可。

第三,在茄子生产中,由于季节影响,尿素秋季施用比春季施用利用率提高 10% 以上,如果施用尿素时,再配合有机肥和其他化肥施用,效果会更好。注意尿素不要与碳酸氢铵混用。

第四,尿素的施用时间应在早晨或傍晚,最好是雨后或阴天,注意不要在晴天(或中午)气温较高时施用。

第五,在茄子生产中,要提前追施尿素。因为尿素施入土壤后,经土壤微生物作用,水解为碳酸氢铵,方可被作物根系吸收,这需要一段时间。施用尿素后注意不要立即浇水,一般 2 天后浇水比较好。

第六,茄子生产中,尿素要深施覆土。由于尿素在土壤中分解产物是碳酸氢铵,容易在土壤中或土壤表面分解形成游离氨气挥发,造成氨气中毒。所以,施用尿素时应当深施覆土,覆土深度一般为 10～15 厘米。

第七,茄子生产中,尿素要与有机肥料配合施用。注意先施有机肥料,再施用尿素。尿素与有机肥料配合施用是提高尿素肥效的措施,可以取长补短,缓急结合,提高肥效,节约化肥,促进微生物活动,改善茄子营养条件,提高产量。

19. 棚室茄子施用复合肥应注意什么问题?

复合肥养分含量高且营养全,对茄子高产稳产起着重要作用,但是施用不当会造成减产,应注意以下问题。

第一,复合肥肥效长,宜作基肥,不宜用于苗期肥和中后期肥,以免茄子徒长。

第二,注意根据土壤肥力选择合适的施用浓度。复合肥有高、中、低 3 种浓度,一般低浓度总养分含量为 25%～30%,中浓度为 30%～40%,高浓度为 40%以上。要根据地域、土壤不同,选择使用对应的复合肥。

第三,注意避免与种子直接接触或与种肥混合使用,否则会出现因幼苗根系直接接触肥料而烧苗、烂根。

第四,根据土壤的酸碱性质,合理选用对应的复合肥。例如,含铵离子的复合肥不宜在盐碱地上施用,含氯化钾的复合肥不宜在盐碱地上施用,含硫酸钾的复合肥不宜在酸性土壤中施用。

20. 棚室茄子施用生物有机复合肥有什么特点和作用?

生物有机复合肥的营养元素集速效性、长效性、增效性为一体,可增强茄子抗逆性,促进茄子早熟,同时有抑制茄子土传病害的作用。

(1)生物有机复合肥配方科学、养分齐全 生物有机复合肥以有机物质为主体,配合少量的化学肥料,按照茄子的需肥规律和肥料特性进行科学配比,除含有氮、磷、钾大量营养元素和钙、镁、硫、铁、硼、锌、硒、钼等中量、微量元素外,还含有大量有机物质、腐殖酸类物质和保肥增效剂,养分齐全,速缓相济,供肥均衡,肥效持久。

(2)生物有机复合肥无污染、无公害 生物复合肥是天然有机物质与生物技术的有效组合。它所包含的菌剂,具有加速有机物质分解的作用,为茄子制造或转化速效养分提供"动力",具有提高化肥利用率和活化茄子土壤中潜在养分的作用。

(3)生物有机复合肥是低投入、高产出 生物有机复合肥可替代化肥进行一次性施肥,降低生产成本。一次性作基肥施入,减少追肥,节省投资。

(4)生物有机复合肥能提高茄子产品品质、降低有害物质积累 生物有机复合肥中的活化剂和保肥增效剂的双重作用,可促进茄子中硝酸盐的转化,硝酸盐的积累减少 20%～30%,维生素 C 含量提高 30%～40%,可溶性糖度可提高 1～4 度。

(5)生物有机复合肥能提高土壤肥力、改善土壤供肥环境 生物有机复合肥中的活化菌能够疏松土壤,增强土壤团粒结构,提高保水保肥能力,增加土壤有机质,活化土壤中的潜在养分。

(6)生物有机复合肥能抑制茄子土传病害发生 生物有机复合肥能促进作物根际有益微生物的增殖,改善茄子根际生态环境。有益微生物和抗病因子的增加,还可明显地降低土传病害的侵染,连年施用可大大缓解茄子连作障碍。

21. 棚室茄子栽培有机肥料与无机肥料配施的优点是什么?

棚室内栽培茄子,因其产量高,茄子吸收施入土壤的肥料中营养元素的能力强,土壤肥力下降速率快。目前实际生产过程中,不少农户未能改变传统施肥观念,仍按露地茄子栽培条件下的习惯进行施肥,重视氮素化肥的施用,忽略了有机肥,磷、钾肥和微量元素肥料的施用,或是只重视氮、磷、钾等大量元素化肥的施用,不增施有机肥料和微量元素肥料,致使茄子生理性缺素症状经常发生。棚室茄子发生比较普遍、比较严重的生理性病害有茄子缺钾症、茄子缺镁症等。

有机肥料与无机肥料配施的优点如下。

第一，有机肥料养分全面，但肥效慢、长久，且养分含量低。化肥养分含量单一，但肥效快，且养分含量高，同时也污染环境。

第二，有机肥料与化肥配合施用，其营养效果在等养分含量条件下，配合施用的超过单施化肥或单施有机肥的，施用时间越长，效果越好。化学氮肥能促进有机氮的矿化率，提高有机肥的肥效，而有机氮的存在可促进化学氮的生物固定，减少无机氮的损失。

第三，有机肥与无机磷肥配合能提高磷肥的有效性，有机肥不仅能活化土壤中的磷，还能减少磷肥在土壤中的固定。

此外，有机肥中钾的有效性较高，茄子能吸收利用。有机肥料含有各种微量元素，它们与螯合剂结合形成螯合物，避免在茄子生产中被土壤固定，提高了它们的有效性。有机肥料还能改善土壤结构，形成微团聚体，从而提高土壤肥力。

22. 棚室茄子施用有机无机混合肥有什么优点?

茄子生产中施用的有机无机混合肥是利用有机肥活

化工艺和发酵技术,将畜禽粪便、泥炭腐殖酸、酵素菌等有机成分,利用微生物进行发酵后,采用先进的工艺造粒而成的肥料产品。有机无机混合肥优点如下。

第一,茄子生产施用有机无机混合肥能够解毒降残留,无污染、无公害,可使茄子提高含糖量和维生素,可有效地调节茄子体内各种酶的活性,降解无机磷及硝酸盐积累,是生产绿色食品的优质肥料。

第二,茄子生产施用有机无机混合肥能保氮、增磷、活化钾和微量元素,可有效提高茄子对化肥利用率,增加耕地有机质,刺激茄子根系吸收,扩大茄子根群,防止早衰,沃土肥田,改良土壤环境。

第三,茄子生产施用有机无机混合肥,其养分配比科学,营养全面,尤其是含有各种微量元素,可满足茄子各生长期的养分需要,增强保水保肥能力。

第四,有机无机混合肥能增强茄子的抗旱、抗寒、抗病等抵御各种生理病害的能力,促进早熟高产。

23. 什么是控释肥? 茄子生产是否适合施用控释肥?

控释肥是指肥料施入土壤后,养分释放速度比常规化肥大大减慢,肥效期延长的一类肥料。它以各种调控机制使养分释放按照设定的释放时间和释放率与作物吸收养分的规律相一致。由于茄子连续开花结果力强,产量高,消耗的养分较多,需要及时补充。因此,茄子生产中不适合施用控释肥。

24. 什么是冲施肥? 棚室茄子生产中施用冲施肥有什么优点?

冲施肥顾名思义就是随水冲施的一种单元或者是多元肥料,目前在市场上最常见的形态有液体、颗粒、粉末及膏状。各种形态各有其优势,要根据实际需要选购合适形态的冲施肥。

液体桶装、固体粉末和膏状袋装(如磷酸二氢钾、尿素、高钙、氨基酸型、酵素菌型)冲施肥的突出优点是,集有机肥的长效、无机肥(化肥)的速效、生物肥的稳效、微生物肥的增效于一体的高效力复混肥,使用一种肥料即可满足茄子对多种营养元素的需求。

(1)肥效迅速,有利于茄子增产 在茄子生长旺盛季节,用普通追肥方法时,往往因肥料养分释放转化慢,肥效迟,而影响产量和品质;特别是在冬季大棚栽培时,常因低温、日照不足等情况,用常规土壤追肥法,往往效果不理想。若因地制宜选用对路的优质冲施肥品种,进行用水冲施,则效果良好。笔者在山东省寿光市冬暖式大棚内使用某品牌冲施肥实验,使用冲施肥的茄子比未使用冲施肥的增产20%左右,而且果实色泽好、形状好,口感良好。

(2)使用后一般无负面效应 因适合作冲施肥的原材料一般都是水溶性好,营养成分易于吸收,不易被土壤固定,不板结土壤,无毒害残留。

(3)使用方便、省工、省力 它不受土壤条件和茄子生长季节的限制,施用方便,且不易损伤作物。

(4)营养成分多 当前使用的冲施肥,一般多是含有多种营养成分的复混肥,能满足茄子对多种养分的需要。

需要注意的是,施用冲施肥,绝不是"肥随水冲"这么简单。不同冲施肥品种的特性不同,使用的技术也有较大差别。使用原则与土壤追肥基本相同,除了用水冲施外,也讲究土壤深施和集中使用。其主要技术要领首先要依据地力和茄子的不同情况选用对路的肥料品种,如土壤供氮不足,可选用尿素或硝酸铵;若缺氮、磷、钾时,可选用三元复合肥或磷酸二氢钾、磷酸二铵等肥料作为冲施肥。

25. 茄子生产中是不是液体肥料颜色越深、臭味越大,效果就越好?

有人认为,液体肥液颜色越深、臭味越大,效果就越好,这是错误的。目前市场上出现过分夸大液体肥料颜色和气味的现象,产品随意添加色素和气味剂,而实际上真正的肥料成分很少,以次充好。如果相信表面的效果,滥用冲施肥,则会导致茄子徒长,品质下降,肥料利用率降低,加剧土壤盐渍化。生产中把颗粒状高浓度复合肥打碎后去冲施,把未腐熟不溶性的固体有机肥或微生物制剂当肥料去冲施等错误做法经常发生。

26. 棚室茄子生产能不能把植物生长调节剂当微量元素肥料施用?

有些菜农认为,植物生长调节剂就是微量元素肥料,认为植物生长调节剂可以代替微量元素肥料和化肥,这是错误的看法。

植物生长调节剂是一类与植物激素具有相似生理和生物学效应的物质。植物生长调节剂可以调节和控制茄子的生长和发育,改善茄子与环境的互作关系,增强茄子的抗逆能力,提高产量,改进产品品质。同时,植物生长调节剂用量小、速度快、效益高、残毒少。但是,植物生长调节剂不能代替微量元素肥料,更不能大量持久施用,否则会引起作物的花而不实,坐果不良,甚至早衰。

微量元素是植物必需的营养元素,营养元素之间是不能代替的,缺乏任何一种微量元素都会使作物生长不良,产量下降。微量元素严重缺乏时茄子不开花、不结果,甚至引起死亡。植物生长调节剂只有氮、磷、钾及各种微量元素肥料充分满足作物生长的前提下,才能起到调节作物生长、促进茄子增产的作用。

27. 棚室茄子生产中如何科学施用微量元素肥料?

茄子连续结果能力强,产量高,需要大量的氮、磷、钾三大元素,同时也需要铁、铜、锌、硼、钼、锰等微量元素。实践证明,某一种微量元素缺乏,茄子就不能正常生长发育,甚至出现生理性病害症状,严重时将不可救药而导致死亡。因此,在增施氮、磷、钾肥料后,还要注意茄子的生理表现,及时诊断茄子是否出现缺素症。

茄子生产需要少量微量元素就可以满足需要,但各种微量元素肥料从缺乏到过量的临界范围很小;同时,微量元素肥料不是在任何土壤上都有效,施用时有高度的针对性和选择性,缺乏或过量都会对茄子生产造成危害。

(1)要结合土壤实际合理施用 黄、红壤土中,硼、锌、钼等微量元素较为缺乏,在生产上应有针对性地施用这些微量元素肥料。茄子在合理轮作、增施有机肥料的条件下,一般不易发生微量元素缺乏症,因此施用微量元素肥料要有针对性,亦应因地制宜。注意茄子缺素的表现,有针对性地施用所缺少的微量元素肥料,才能提高施用效果,达到促熟、增产的目的。

(2)要严格控制微量元素肥料施用量 微量元素肥料用量过大对茄子会产生毒害作用,而且还可能污染环境。因此,要严格控制微量元素肥料用量,力求施用均匀。一般微量元素肥料可与氮、磷、钾肥拌匀后施用,避免局部浓度过高。根外喷施微量元素肥料时,浓度要适宜,不可随意增加用量或提高浓度,一般不超过规定浓度20%的上限。

(3)要配合增施有机肥料施用 增施有机肥料能增加土壤的有机酸,使微量元素呈可利用状态,大大提高微量元素肥料的施用效果,同时可在微量元素肥料过量时,缓解微量元素肥料毒性。

(4)要根据需要选用施用方法 微量元素肥料的施用方法有土壤施肥、种子处理和根外追肥等。土壤施肥即作基肥、种肥或追肥时把微量元素肥料施入土壤。这种方法肥料的利用率较低,但有一定的后效。种子处理即浸种和拌种 2 种方法。浸种时将种子浸入微量元素溶液中,种子吸收溶液而膨胀,肥料随水进入。常用的浓度是 0.01%～0.1%,时间是 12～24 小时。拌种是用少量水将微量元素肥料溶解,将溶液喷洒于种子上,搅拌均匀,使种子外面沾上溶液后晾干播种,一般每千克种子用2～6 克肥料。根外追肥即将微量元素肥料溶液用喷雾器喷施到植株上,通过叶面或气孔吸收而运转到植株体内,常用的溶液浓度为 0.01%~0.1%。

(5)要配合施用氮、磷、钾等大量元素施用 在茄子生产中,微量元素和氮、磷、钾三要素都是同等重要的营养元素,但生产中还是应首先满足茄子对大量元素的需要,只有在施足大量元素的基础上,微量元素的效果才能充分发挥出来。

28. 棚室茄子生产常用的微生物肥料种类有哪些? 施用微生物肥料有什么作用?

(1)微生物肥料的种类 茄子生产上的微生物肥料是含有大量活的有益微生物的生物性肥料。根据微生物与作物营养的关系,目前生产中将微生物肥料分为四大类:一是能够刺激茄子生长的微生物肥料;二是能够改善茄子2种以上营养元素作用的微生物肥料;三是能够消除茄子某种病害作用的微生物肥料;四是能够改善茄子某种营养元素作用的微生物肥料。

(2)施用微生物肥料的作用

①减少化肥用量 棚室茄子施用微生物肥料,可以减少化肥用量30%~50%。因为它可以提高土壤中的氮元素含量,减少氮肥施用量,增加土壤有机质,加速有机质降解转化为茄子能吸收的营养物质,从而提高土壤肥力,减少化肥用量。同时,微生物肥料可以将土壤中难溶

的磷、钾分解出来,转变为茄子能吸收利用的磷、钾化合物,从而改善茄子的营养条件。

②茄子增产幅度大　茄子生产中施用微生物肥增产效果明显,增产幅度高达 20%～50%,可使农民增产增收。

③调节茄子土壤结构　茄子生产中施用微生物肥,可以重构健康的土壤,提高茄子抵抗病虫害的能力。它可以调节土壤板结,激发土壤活力,抑制土壤中的真菌和线虫及茄子根部病虫害,从根本上减少了农药的使用量。

④提高茄子抗逆性　茄子生产中施用微生物肥料,可以促进茄子生长发育,提高抗逆能力。微生物肥料可以促进茄子多生根,防止早衰,同时抗旱、抗寒。

⑤有利于保护环境　茄子生产中施用微生物肥料可以减少 40%～50%温室气体排放,有利于保护环境。

29. 茄子施用微生物肥料应注意哪些问题?

微生物肥料是生物活性肥料,因此有特定的施用要求。

第一,茄子生产中注意开袋后即要施用完毕。开袋后长期不用,其他菌就可能侵入袋内,使微生物菌群发生改变,影响其使用效果。

第二,茄子生产中注意不要在高温干旱条件下使用。在高温干旱条件下,微生物菌群生存和繁殖受到影响,不能发挥良好的作用。应选择阴天或晴天的傍晚施用这类肥料,并结合盖土、浇水等措施,避免微生物肥料受光照和水分影响不能很好发挥作用。

第三,茄子生产中注意不要与未腐熟的农家肥混用。因为两者混合,会发酵产生高温,高温可杀死微生物,影响微生物肥料的发挥。

第四,茄子生产中注意不要与农药同时使用。化学农药都会不同程度地抑制微生物的生长和繁殖,甚至杀死微生物。因此,应将微生物肥料和农药使用时间错开,同时注意也不能使用拌过杀虫剂、杀菌剂的工具拌微生物肥料。

30. 茄子生产中哪些肥料不可混用?

茄子生产中,注意尿素不能与草木灰、钙镁磷肥混用;磷酸二氢钾不能与草木灰、钙镁磷肥混用;过磷酸钙不能与草木灰、钙镁磷肥混用;鸡、鸭粪和人粪尿不能与草木灰混用;硫酸铵不能与草木灰混用;硝酸铵不能与草木灰、鲜厩肥及堆肥混用。

31. 茄子生产中微量元素肥料之间、微量元素肥料和常用化肥之间能否混合施用?

可以混合施用。在茄子施肥中,常常把氮、磷、钾化肥,或速效肥与迟效肥,有机肥与无机肥以及微量元素肥料和植物生长调节剂等,按照土壤的性质和作物要求、养分供给情况等配合起来施用,俗称肥料的配合使用。把性质不同、作用不一样的 2 种以上的肥料混合起来施用的,则叫肥料的混合施用。配合施用与混合施用两者之间既有联系又有区别,无论哪种施肥方法都是农业生产上科学施肥、提高经济效益的重要手段。

棚室茄子生产,微量元素肥料之间、微量元素肥料与常用化肥之间混合施用,必须遵循以下原则:一是要适合于茄子营养和土壤肥力状况的需要;二是混合后能使肥料的物理性状得到改善;三是不能使其中任何一种肥料的肥效降低,应有利于提高肥效和施肥功效;四是不能造成混合后肥料养分的损失。

根据上述原则,只要耕种的土壤养分缺乏,适于碱性土壤的锌、锰、铁等微量元素肥料可以混合施用。需要注意的是,微量元素肥料之间混合施用时,浓度和用量不要超过茄子所能承受的浓度范围和最大的养分吸收量。否则,浸种、拌种后种子不出苗,叶面喷洒会烧苗。

微量元素肥料与常用化肥之间混合施用要注意:锌肥不要与氨水等碱性较强的肥料混施,最好也不要同过磷酸钙等可溶性磷肥混施,以免形成磷酸锌沉淀,降低肥效;微量元素肥料最好不要同草木灰混用,以减少氨的挥发损失。尿素与微量元素肥料混合施用是允许的。

各种微量元素肥料在与堆渣肥混合施用时,要注意逐渐稀释,充分和匀,最好是先同少量细泥土充分和匀后再加堆渣肥一起拌和。微量元素肥料对水、对粪应先将微量元素肥料对少量水溶液,再逐步分配到水、粪中去,并充分搅拌,以免造成局部浓度过大而烧种、烧苗。

32. 茄子生产中微量元素肥料与农药能否混合施用?

许多农民为了节约劳动力,提出了在茄子拌种与叶面喷施时,能否与农药混合使用的问题。笔者认为,微量元素肥料能否与农药混合作叶面喷施,要看混合后是否产生浑浊或沉淀而定,混合后产生浑浊、沉淀者不能混合使用。例如,锌肥可与酸性农药混合喷施,但不能与石硫合剂等碱性农药混用。反之,微量元素肥料与农药混合后不产生沉淀或浑浊的可以混合施用,因为不浑浊对微量元素肥料本身的肥效不会有损失。据试验,微量元素肥料与辛硫磷等农药混合拌种效果不变,可以达到增产又防病的双重效果。

33. 什么是茄子营养临界期、营养临界值和营养最大效率期?

茄子营养临界期是指茄子在某一个生育时期对养分

的要求虽然数量不多,但如果缺少或过多或营养元素间不平衡,对茄子生长发育造成显著不良影响的那段时间。茄子营养临界期一般出现在茄子生长初期,其中磷的临界期出现较早,氮次之,钾较晚。

茄子营养临界值是茄子体内养分低于某一浓度时,它的生长量或产量显著下降,并表现出养分缺乏症状,此时的养分浓度称为营养临界值。

茄子在不同时期所施用的肥料对增产的效果有很大的差别,其中有一个时期肥料的营养效果好,增产明显,这个时期称为营养最大效率期。

34. 棚室茄子施用基肥应注意什么问题?

棚室茄子生产,基肥应以有机肥为主,混拌入适量的化肥。基肥施用量应占供给茄子总施肥量的 70% 以上。其中植物残体肥或土杂肥等有机肥和矿质磷肥、草木灰全作基肥,其他肥料可部分作基肥。需要注意以下问题。

第一,要防止造成肥料浓度障碍。如果施用过量的化肥作基肥,会造成茄子根系局部的高浓度肥料障碍。有机肥缓冲性大,即使大量施用,也很少发生浓度障碍,因此茄子基肥施用总量不足时,要通过增加有机肥的数量来满足。

第二,磷肥应全作基肥。茄子对磷肥的吸收量,在生育的初期,如果苗期磷肥不足,即使后期补追大量的磷肥,产量还会降低。所以,磷肥一般作基肥。

第三,基肥中氮素化肥少用硝态氮和铵态氮化肥。硝态氮化肥施入土壤不易被土壤吸附,故不宜大量作基肥;铵态氮化肥施得太多,会发生严重的生长障碍,出现茄子叶色黄化或萎缩现象,同时还会影响茄子对钙、镁肥吸收。因此,应该用有机质氮肥或酰胺态氮肥(尿素)作基肥。

第四,施肥要准确合理。不同的地质、不同的苗情、不同的季节施肥种类、施肥方法要有所不同。

35. 棚室茄子苗期、结果期如何科学施肥?

(1)苗期科学施肥 茄子苗期的生长状况直接影响茄子的整个生育期,特别是对花芽分化极为重要。所以,培育壮苗是获得高产的关键,不可忽视。在苗期多施磷肥(菌根菌剂可以大大提高磷肥利用率),可以提早结果。每平方米苗床可施入过筛腐熟有机肥 20 千克、过磷酸钙 0.5 千克、硫酸钾 40～50 克。当茄苗长到 4～5 片真叶时,如果下部叶片颜色较淡,可叶面喷施 0.1%～0.2%的磷酸二氢钾或尿素,这样可以保证培育出壮苗。

(2)结果期科学施肥

①抓好催果肥 当门茄达到瞪眼期,果实开始迅速生长,整个植株进入果实生长为主的时期。茎叶也开始旺盛生长,需肥量增加。此时进行第一次追肥,称为催果

肥,这是关键施肥时期。催果肥用量,每 667 米² 施硫酸铵 30～40 千克或尿素 15～20 千克,穴施或沟施,施后盖土, 2 天后浇水。

②重施盛果肥　当对茄果实膨大,四门斗开始发育时,是茄子需肥的高峰期,这时再进行第二次追肥,即盛果肥。以速效氮肥为主,配施磷、钾肥,还要注意叶面追施钙、硼、锌等中量及微量元素肥料。结合浇水,每 667 米² 追施腐熟的稀粪尿 1 000 千克或磷酸二铵 20～30 千克。

③轻施满天星肥　第二次追肥后到最后 1 次采收前 10 天,每一层果实开始膨大时,每隔 10 天左右追肥 1 次, 共追肥 5～6 次。化肥和稀粪尿交替使用最佳。

④补充根外追肥　从成果期开始,可根据长势喷施 0.2%～0.3% 的尿素、0.2%～8.3% 磷酸二氢钾、 0.1%～0.2% 硫酸镁等肥料。一般 7～10 天 1 次,连喷 2～3 次。

⑤巧施微生物菌肥　生物菌肥不仅含有大量固氮、解磷、解钾活性菌,还含有有机质、腐殖酸和微量元素等。与其他肥料配施,不但可以节约肥料使用量,而且可以解决土壤板结、增加土壤微生物含量等问题。

36. 棚室茄子越夏栽培如何追肥效果好?

棚室茄子越夏栽培追肥要注意如下要点。

第一,追肥一定要适量。茄子需氮肥量大,但在高温季节须少量多次。每次每 667 米^2 施用尿素一般应控制在 30～40 千克以内。因为高温季节尿素施入土壤后转化速度比较快,在植株满足需要后,多余部分就会造成流失,特别是沙质土壤尿素流失的比例会更大。碳酸氢铵每次施用量以不超过 40 千克为宜,施用量过大,除会造成养分流失外,还会产生氨气危害茄子叶、果。

第二,追肥方法要适当。多数菜农追施化肥,后期随水冲施已成习惯,但夏季高温季节不宜采用这种方法。因为温度较高,在冲施化肥时,大量氨气挥发后会降低肥效,特别是随水冲施碳酸氢铵,产生氨气容易导致茄子氨中毒现象发生。追肥采用开沟施入或穴施效果最好,追肥后埋土厚度应不少于 5 厘米,以减少化肥有效成分的挥发。

第三,合理搭配。茄子虽然对氮肥需要量大,但磷、钾肥也不可缺少,在追随肥时不能每次都追施氮素化肥。在盛果期最好追施 2 次三元复合肥,每次每 667 米^2 用 40～50 千克,以满足茄子生长和结果的需要。

37. 棚室秋延迟茄子后期如何追肥产量高?

棚室秋延迟茄子后期追肥注意如下要点。

第一,适时追肥。随着茄子生长进入盛果期,茄子生长需求的养分和水分量增加,若不及时进行肥水供应,则会使茄子生长过小、表皮发乌,不利于获得高产。

第二,不要大水追肥。茄子生长后期天气转冷,在早上地温过低的情况下,大水冲肥温度低,容易造成伤根且营养吸收慢的问题。

第三,根据生产实际,可多进行叶面喷肥,快速补充茄子生长所需的营养。

第四,结合防治病虫害,以提高茄子产量,重点防治绵腐病、绵疫病和灰霉病。

38. 什么是叶面肥料?

喷在茄子叶片和茎蔓上能对茄子起生长调节作用,能为茄子生长提供营养元素的物质,称为叶面肥料。叶面肥料一般用量少、浓度低,因此其主要作用不是提供大量营养元素,而是提供微量元素或某些特殊元素,以及调节茄子体内的生理生化过程,促进或抑制茄子的营养生长或生殖生长。

由于各种叶面肥所含成分不同,施用效果也不一样,某些叶面肥料对茄子有较好的增产效果,但多次使用后,效果会逐渐降低。只有在施用一定量的大量元素基础上才能很好发挥叶面肥的施用效果,认为施了叶面肥就能增产的想法是不切实际的。

39. 棚室茄子追施叶面肥应注意哪些问题?

茄子吸收营养主要靠根部,但叶面施肥作为一种辅助手段,具有许多独特的优点。并且只有在施足基肥的基础上及时追施叶面肥,才能取得理想的效果。棚室茄子追施叶面肥应注意如下几个方面。

(1)选择适宜的肥料作茄子叶面追肥 作叶面追施的肥料通常称为叶肥、叶面肥或叶面营养液。按成分可以分为氮肥、磷肥、钾肥、磷钾复合肥、三元复合肥、微量元素肥料、稀土微量元素肥料以及加入植物生长调节剂的叶面肥料等。这些肥料具有性质稳定、不损伤叶片的特点。

(2)根据茄子的生长需肥特点选用叶面肥 在茄子生长初期,为促进其生长发育,应选择调节型叶面肥,若营养缺乏或生长后期根系吸收能力衰退,应选用营养型叶面肥。生产上常用于叶面喷施的化肥品种主要有尿素、磷酸二氢钾、过磷酸钙、硫酸钾及各种微量元素肥料。

(3)把握喷洒浓度 茄子喷施叶面施肥一定要控制好喷洒浓度。特别是微量元素肥料,从缺乏到过量之间的临界范围很窄,更要严格控制。

(4)把握喷洒时间 叶面施肥时,湿润时间越长,叶片吸收养分越多,效果越好。一般情况下,保持叶片湿润时间在 30～60 分钟为宜,因此叶面施肥最好在傍晚进行。

(5)肥料混用要得当 茄子叶面施肥时,将两种或两种以上的叶面肥合理混用,其增产效果会更加显著,并能节省喷洒时间和用工。但肥料混合后必须无不良反应或不降低肥效,否则达不到混用目的。肥料混合时还要注意溶液的浓度和酸碱度。

(6)喷洒质量要保证 施肥要求雾滴细小,喷洒均匀,尤其要注意喷洒生长旺盛的茄子上部叶片和叶片的背面。因为新叶比老叶、叶片背面比正面吸收养分的速度快,吸收能力强。

(7)注意喷施的次数 根据茄子生长发育时间和产量,一般喷3～4次。

40. 棚室茄子为什么要施用二氧化碳气肥?

二氧化碳是茄子光合作用的主要原料,二氧化碳不足则会造成茄子生长停滞,影响产量和品质。在温室、塑料大棚等设施内,由于塑料薄膜阻隔,常会造成棚内二氧化碳缺乏,从而影响了茄子的光合作用和生长发育。棚室内二氧化碳的浓度变化比较大。夜间茄子呼吸产生一定的二氧化碳,土壤微生物活动及有机物的分解发酵释放出大量二氧化碳,使大棚内的二氧化碳浓度逐渐增大,日出前一般可达到500～600微升/升。日出后,茄子开始光合作用,消耗二氧化碳,棚内二氧化碳浓度急剧下降。特别是在晴天,如果大棚不通风,棚内二氧化碳浓度在很长一段时间内处于低水平(100微升/升左右),出现二氧化碳严重不足,影响其光合作用。因此,大棚中增施二氧化碳能显著提高光合效率,从而达到增产的目的。增施二氧化碳除了直接提高光合效率,还可消除茄子"光合午休现象",延长有效光合时间,明显促进株高、茎粗、叶面积增长,并使干物质积累加快。茄子第一雌花节位下降,单株雌花数明显增加,坐果率提高。合理施用二氧化碳气肥,茄子的光合速率会提高,植株体内糖分积累增加,从而在一定程度上提高了茄子的抗病能力,又能使叶和果实的光泽变好,外观品质提高。同时,茄子的维生素C的含量大幅度提高,营养品质改善,可使茄子增产30%,效益可观。

41. 棚室茄子施用二氧化碳气肥的方法有哪些?

(1)二氧化碳发生器法 该法是利用硫酸与碳酸盐反应产生二氧化碳的方法。具体做法是:在大棚内设30个盛硫酸的容器,一般用塑料桶为宜,不宜用金属容器,将小桶挂在不影响田间作业的空间,高度与茄子植株高度平齐,将98%的工业硫酸按酸与水比例1∶3稀释,切忌将水倒入硫酸中,以免溅出伤害植株。每个小桶倒入0.5千克稀硫酸,每天每小桶加入碳酸氢铵100克,如果加入碳酸氢铵后不冒泡,表示化学反应完全,清除剩余溶液。清除的硫酸、碳酸氢铵混合液对水80~100倍喷洒叶片,不但能有效促进茄子的生长,而且还能有效地防治病虫害。

(2)增施有机肥料法　在土壤中增施有机肥料,这些有机物质经土壤微生物的作用,腐烂分解后释放大量的二氧化碳,用于作物的光合作用。该法经济有效,但释放量有限。有机物的分解不仅改善了土壤结构,反过来又能促进作物根系对肥料的吸收和利用。

(3)吊袋二氧化碳施肥法　袋装二氧化碳肥产品形态为粉末状固体,由发生剂和促进剂组成,发生剂每袋110克,促进剂每袋5克,将二者混合搅拌均匀,在袋上扎几个小孔,吊袋内的二氧化碳不断从小孔中释放出来,供植物吸收利用。把装有二氧化碳促进剂和发生剂的小袋吊置在茄子枝叶上端40～60厘米处,可在棚架两侧固定细铁丝挂在中间。每袋气肥使用面积30米^{2}左右,每667米^{2}可吊袋22袋左右。二氧化碳气肥使用有效期30天左右,二氧化碳释放量随着光照和温度的升高释放量加大,温度过低时二氧化碳释放较少。

(4)施用固体二氧化碳法　固体二氧化碳气肥具有物理性状好、化学性质稳定、使用方法安全、肥效长等特点。具体施肥方法是在茄子生长旺盛期到来之前,在行间开沟撒施,片剂每隔30厘米放1片,而后覆土3厘米,使土壤保持疏松状态,有利于二氧化碳气体的释放。一般每667米^{2}施30～40千克,可使棚内二氧化碳浓度达到

800～900 微升/升,有效期长达 60～80 天,高效期在 30
天左右,施肥后通风时以中上部通风为宜。

(5)直接通二氧化碳气体法 直接供气法是利用钢
瓶中的液态二氧化碳,在温室内施放。在温室内根据测
定的二氧化碳浓度,随时定期定量施放。此法的优点是
气体纯正,供气浓度高、速度快,调控比较方便。缺点是
成本高,不太适合我国国情。

(6)通风换气法 这种方法是棚室茄子栽培最经济
的一种,一定要结合棚室内温度进行通风,不要仅仅为了
增加二氧化碳而进行通风换气。在保证室内温度不降低
的前提下,打开通风口,使室内外空气交流,来补充室内
二氧化碳浓度的不足。一般通风上午 10 时至下午 4 时为
宜,通风时间长短根据棚内温度掌握。温度在 30℃以上
进行通风换气,温度 20℃时关闭通风口。

42. 棚室茄子施用二氧化碳气肥应注意哪些问题?

二氧化碳是茄子进行光合作用、制造碳水化合物的
原料。空气中的二氧化碳浓度为 300 微升/升左右。如
果把空气中二氧化碳的浓度通过人工施用的方法提高到
1 000～1 500 微升/升,就可以大大提高光合作用的强度,
增加茄子的产量。但在二氧化碳施肥时必须注意以下几

个问题。

(1)正确掌握使用浓度 一般掌握茄子光合作用最适二氧化碳浓度为 800~1 500 微升/升。注意结合天气、温度、茄子生长发育阶段等灵活掌握。

(2)掌握施用时间 在阴雨天或下雪天不要施用,因为阴雨天和雪天茄子光合作用弱,高浓度的二氧化碳会引起功能叶老化。

(3)掌握施用时期 茄子苗期一般不施二氧化碳气体肥,育苗移栽,在定植缓苗后可少量施用,生长旺盛期施用,可连续施用 40 天左右。在施肥期间,要注意加强田间管理,加大昼夜温差,有利于光合产物的积累,可有效防止茄子早衰。为防止徒长,可以从开花时用。一天中,从日出到通风前 2 小时左右施用为宜。

深冬季节,注意上午的二氧化碳施用时间,掌握在棚膜拉起 30 分钟后开始,一般在上午的 9:00~9:30,停止的时间在 11:00 左右。下午一般不施用,若施用,注意施用时间要短,1 小时为宜。

(4)根据环境条件适当调节 影响二氧化碳吸收利用的因素很多,如水分的多少、光照的强弱、温度的高低等。在茄子叶片含水量接近饱和时最有利于光合作用的进行。在光照强度一定的情况下,棚室温度是茄子光合作用的限制因子。影响茄子吸收二氧化碳气肥的棚室地温值为 15℃,低于 15℃效果较差,低于 12℃施二氧化碳气肥无效。地温在 15℃ 以上施二氧化碳气肥效果好。地温在 15℃～25℃ 范围内,地温每增加 1℃,作物光合作用合成的碳水化合物将增加 4%。因此,在冬季温室没有增温设施的情况下,地温在 15℃ 以下不宜施二氧化碳气肥。

(5)加强肥水管理 在增施二氧化碳气肥以后,茄子的光合强度显著提高,根系吸收能力增强,施肥浇水要跟上,选用三元复合肥,可以有效地防止植株徒长,使茄子生长壮而不旺,稳而不衰。

43. 棚室茄子缺氮的症状和原因是什么? 如何防治?

(1)发病症状 棚室茄子缺氮时,叶色变淡,老叶黄化,发病严重时干枯脱落,花蕾停止发育并变黄,心叶变小。

(2)发病原因 一是土壤本身含氮量低,土壤有机质含量低,有机肥施用量低,造成土壤供氮不足。二是种植前施大量未腐熟的作物秸秆或有机肥,碳素多,其分解时会夺取土壤中的氮。三是土壤板结,可溶性盐含量高,茄子根系活力减弱,吸氮量减少,也容易表现出缺氮症状。四是由于产量高,收获量大,从土壤中吸收氮多未及时补充氮肥。

(3)防治方法 一是整地时施足基肥,尤其是多施优质农家肥。二是施用完全腐熟的堆肥,要深施。三是土壤板结时,可多施一些微生物肥。四是采取应急措施。发现缺氮,及时追施尿素、碳酸氢铵等速效氮肥或人粪尿。每 667 米² 用 5～6 千克纯氮,溶解在灌溉水中,随浇水一起施入土中;也可叶面喷施 0.3%～0.5% 的尿素溶液。五是茄子生长期避免田间积水。

44. 棚室茄子缺磷的症状和原因是什么? 如果正确施用磷肥?

(1)发病症状 茄子缺磷时,茎秆细长,纤维发达,花芽分化和结果期延长,叶片变小,颜色变深,叶脉发红。

(2)发病原因 一是土壤含磷量低,堆肥施用量小,磷肥用量少茄子易发生缺磷症。二是棚室地温常常影响茄子对磷的吸收。温度低,茄子对磷的吸收就少,日光温室等保护地冬春或早春易发生缺磷。三是多年连作的酸性土壤容易缺磷。土壤为酸性时,磷变为不溶性,虽然土中有磷酸的存在,但也不能被茄子吸收。

(3)正确施用磷肥的方法 茄子属于对磷肥特别敏感的作物,在栽培过程中,如果能适时适量地施用,茄子就能获得较好的经济效益。

①早施、细施、集中施、分层施 一是茄子种植前,施足过磷酸钙或磷酸二铵作基肥。二是茄子苗期吸收磷最

多。若苗期缺磷,会影响整个生育期的生长,要在苗期早施。施用时,要打碎过筛,以利于根系吸收。磷容易被土壤中的铁、铝、钙等元素固定而失效,故应穴施、条施。在底层和浅层都要施用磷肥。三是茄子生长期发现缺磷,可用0.2%磷酸二氢钾溶液或0.5%过磷酸钙浸出液叶面喷施。

②与有机肥、氮肥混施　氮肥、磷肥混合施用,可平衡养分,促进茄子根系下扎,为丰产打下基础。磷肥特别是钙镁磷肥,必须与有机肥混全施用,可使磷肥中那些难溶性的磷,转化为茄子能吸收利用的有效磷。

45. 茄子栽培为什么氮肥要分次追施？磷肥宜集中深施？

氮素营养条件对茄子的生长发育影响明显,当氮素营养正常时,能促进茄子叶绿素的形成,使茄子植株茎叶色泽深绿,植株发育健壮,生长加速。一次施用氮素过多,容易促进茄子植株体内蛋白质和叶绿素的大量形成,造成植株徒长,叶面积增大,叶片变薄,色深绿,影响通风透光,茎秆软弱,抗病性差。因此,氮素适合分次少量追肥。

磷肥施入土壤后,容易发生磷的固定,使得磷的移动性变差。因此,要尽量减少磷肥与土壤的接触面,以便减少土壤对磷的吸附固定,所以磷肥宜集中深施。

46. 棚室茄子缺钾的症状和原因是什么？如何防治？

(1)发病症状 生产上茄子的缺钾症较为少见。茄子缺钾时,初期心叶变小,生长慢,叶色变淡,后期叶脉间失绿,出现黄白色斑块,叶尖、叶缘渐干枯。

(2)发病原因 一是棚室土壤中含钾量低,施用堆肥等有机质肥料和钾肥少,易出现缺钾症。二是棚室地温低,日照不足,土壤湿度过大,施铵态氮肥过多等条件阻碍对钾的吸收。

(3)防治方法 一是增施钾肥。一般每 667 米^{2}可施用硫酸钾或氯化钾 10～15 千克,在植株两侧开沟追施。二是棚室茄子在生长过程中可叶面喷施 0.2％～0.3％磷酸二氢钾溶液或 1％草木灰浸出液。三是施用充足的堆肥等有机质肥料。四是棚室茄子在生长期如钾不足,每667 米^{2}追施硫酸钾 15～20 千克,一般穴施效果较好。

47. 棚室茄子缺钙的症状是什么？如何防治？

(1)发病症状 茄子缺钙时,植株生长缓慢,生长点畸形,幼叶叶缘失绿,叶片的网状叶脉变褐,呈铁锈状叶。

(2)**防治方法** 一是加大农家肥的施用量,增加腐殖质含量,缓冲钙波动的影响。二是对于棚室缺钙的土壤,可施用含钙肥料,如硅钙肥。三是平衡施肥,避免一次施用大量的钾肥和氮肥。四是棚室茄子要适时浇水,保证水分充足。五是在茄子生长过程中发现缺钙,可叶面喷施 20%氯化钙溶液。

48. 棚室茄子缺镁的症状是什么？如何防治?

(1)**发病症状** 生产上茄子的缺镁症较为多见。茄子缺镁时,叶脉附近,特别是主叶脉附近变黄,叶片失绿,果实变小,发育不良。

(2)**防治方法** 一是棚室土壤缺镁,在茄子栽培前要施用充足的含镁肥料。如硫酸镁、氯化镁、硝酸镁、氧化镁、钾镁肥等,这些肥料均溶于水,易被吸收利用。二是注意避免一次施用过量的、阻碍对镁吸收的钾、氮等肥料。三是在棚室茄子生长过程中,叶面喷施 1%~2%硫酸镁溶液或 1%硝酸镁溶液。10 天喷 1 次,连喷 2 次,即可缓解症状。

49. 棚室茄子缺锌的症状是什么？如何防治?

(1)**发病症状** 棚室茄子缺锌时,叶小呈丛生状,新叶上发生黄斑,逐渐向叶缘发展,致全叶黄化。

(2)防治方法　一是棚室茄子生长过程中,不要一次性过量施用磷肥。二是棚室茄子缺锌时,每 667 米² 施用硫酸锌 1.5～2 千克。三是棚室茄子在严重缺锌时,叶面喷施 0.1%～0.3%硫酸锌溶液。

50. 棚室茄子缺铁的症状和原因是什么？如何防治？

(1)发病症状　茄子缺铁时,幼叶和新叶呈黄白色,叶脉残留绿色。

(2)发病原因　在土壤呈酸性、多肥、高湿的条件下常会发生缺铁症。磷肥施用过量,或碱性土壤,或土壤中铜、锰过量,或土壤过干、过湿及温度低,均容易发生缺铁症。

(3)防治方法　一是棚室茄子生产尽量少用碱性肥料,防止土壤呈碱性,土壤 pH 值应在 6～6.5。二是注意棚室土壤水分管理,防止土壤过干、过湿。三是对于棚室茄子生产缺铁的土壤,每 667 米² 可施用 2～3 千克硫酸亚铁作基肥。四是棚室茄子在严重缺铁时,叶面喷施 0.1%～0.5%硫酸亚铁溶液或 100 毫克/千克柠檬酸铁溶液。

51. 棚室茄子缺硼的症状和原因是什么？如何防治？

(1)发病症状　自顶叶黄化、凋萎,顶端茎及叶柄折断,内部变黑,茎上有木栓状龟裂。

(2)发病原因　一是在酸性的沙壤土上,一次施用过量的碱性肥料,易发生缺硼症状。二是土壤中有机肥施用量少,土壤碱性高的棚室茄子易发生缺硼。三是棚室中施用过多的钾肥,影响了茄子对硼的吸收;土壤干燥也影响茄子对硼的吸收,易发生缺硼。

(3)防治方法　一是棚室茄子土壤缺硼,可预先增施硼肥,定植前每 667 米² 施用硼砂 0.5～1 千克。二是棚室茄子多施腐熟的有机肥,提高土壤肥力。三是棚室茄子增施磷肥,可促进对硼的吸收。四是棚室茄子要适时浇水,防止土壤干燥。五是棚室茄子在严重缺硼时用 0.1%～0.25%硼砂或硼酸水溶液,进行叶面喷施。

52. 棚室茄子缺锰的症状和原因是什么？如何防治？

(1)发病症状　棚室茄子缺锰时,新叶脉间呈黄绿色,不久变褐色,叶脉仍为绿色。

(2)发病原因　一是土壤黏性过大,通气不良,易发生缺锰。二是土壤含水量过高,或过量施用未腐熟的有机肥易发生缺锰。三是土壤有机质含量低易发生缺锰。四是土壤一次施用肥料过多,盐类浓度过高易发生缺锰。五是土壤检测为碱性时易发生缺锰。

（3）防治方法 一是在茄子生长期发现植株缺锰时，叶面喷施 1‰ 硫酸锰溶液。二是棚室土壤增施有机肥，提高土壤质量。

53. 棚室茄子锰过剩的症状和原因是什么？如何防治？

（1）发病症状 茄子锰过剩时，下部叶的叶脉呈褐色，沿叶脉发生褐色斑点。

（2）发病原因 一是土壤中缺钙或肥料过多引起锰过剩。二是土壤酸化或施锰肥过多导致锰过剩。

（3）防治方法 一是土壤中锰的溶解度随着 pH 值的降低而增高，所以施用石灰质肥料，可以改变土壤酸碱度，从而降低锰的溶解度。二是在土壤消毒过程中，由于高温、药剂作用等使锰的溶解度加大，为防止锰过剩，消毒前要施用石灰质肥料。

54. 棚室茄子缺钼的症状和原因是什么？如何防治？

（1）发病症状 茄子缺钼时，从果实膨大时开始，叶脉间发生黄斑，叶缘向内侧卷曲。

（2）发病原因 一是茄子栽培过程中施用硫酸盐肥料过多，抑制对钼的吸收，则易发生缺钼。二是土壤中磷的含量不足时,对钼的吸收率降低,而导致缺钼。

(3)预防方法 一是在土壤中施用生石灰,以改善土壤中 pH 值。二是在茄子生长期或发现植株缺钼时,用 0.01%～0.1%钼酸铵溶液叶面喷施。

55. 棚室茄子氨气危害的特点是什么?发生氨气危害的原因有哪些?

(1)危害特点 棚室茄子栽培由于密闭性强,经常发生氨气危害,茄子发生氨气危害症状复杂多样,轻者叶片上出现大块枯斑,重者全株叶片在很短的时间内完全干枯。氨气从叶片的气孔进入,一般受害部位初期呈水浸状,干枯时是暗绿色、黄白色或淡褐色,叶缘呈"灼伤"状,严重时可以造成全株枯死。

施用速效氮肥时,肥料距茄子根太近或施肥量过大,虽然施后覆土,由于化肥挥发性大,会使植株叶片由下往上从叶缘开始青枯,植株生长缓慢,严重时全株死亡。

(2)发生原因

第一,棚室土壤呈碱性,施用氮肥如硫酸铵、尿素等化肥时,施肥量过大、表施或覆土过薄,会直接产生氨气,造成危害。

第二,棚室内施用未腐熟的厩肥、人粪尿、鸡粪、鸭粪、饼肥在温室内发酵,会间接产生氨气,造成危害。

第三,铵态氮肥或有机肥在分解时会先放出铵态氮,铵态氮在亚硝化细菌和硝化细菌的作用下,发生由铵向亚硝酸或硝酸转化的生物化学反应。在地温较高、土壤肥沃的条件下,这一过程很快,不会造成铵态氮积累,但如果土壤盐渍化,或施用了大量铵态氮肥,铵态氮的硝化受到抑制,产生铵态氮积累时,就会挥发出大量氨气。

第四,当棚室内空气中的氨气浓度达到 5 微升/升时,就会使茄子受害,晴天温度较高,1~2 小时就可导致植株死亡。

56. 棚室茄子如何预防氨气危害?发生氨气危害后如何补救?

(1) 预防方法

第一,棚室茄子栽培施肥,应以充分腐熟的有机肥为主,不要在室内堆沤可能产生大量氨气的肥料,如生鸡粪、生鸭粪、饼肥等。

第二,不要将能直接或间接产生氨气的肥料撒施在地面上,追施尿素、硫酸铵时,每次的施用量不要过大,应少施勤施,并应开沟深施,施后用土盖严,及时浇水。

第三,低温季节不施用尿素,因为施入土壤中的氮肥,不论是有机态还是无机态,都需要在土壤微生物的作用下,经历一系列的转化,最终变为硝酸态供茄子吸收利用。尿素从酰胺态转化为铵态,在春、秋季需要 6~8 天,夏季也需要 2~3 天。细菌转化为铵态氮,以 30℃~45℃ 最快,从铵态氮再被硝化细菌转化为硝态氮以 20℃~25℃ 最好。硝化细菌在温度 15℃ 以下时,会受到严重抑制,这一转化过程几乎不能进行。

第四,及时检查氨气浓度,在早晨用 pH 试纸蘸取棚膜水滴,然后与比色卡比色,读出 pH 值,当 pH 值大于 8.2 时,将发生氨气危害,应立即通风,排除氨气。

(2)补救方法

第一,棚室茄子栽培发生氨气危害后,在茄子植株受害尚未枯死时,摘掉受害叶,保留尚绿的叶片,立即通风换气,排出有害气体。

第二,立即浇水,减少氨气挥发,降低氨气浓度。

第三,立即在茄子叶的反面喷洒 1‰ 食醋溶液,有明显效果。

第四,加强茄子水肥管理,慢慢恢复生长。

57. 棚室茄子发生二氧化氮气害的症状和原因是什么? 如何防治?

(1)发病症状 植株中上部叶背产生不规则水浸状淡色斑点或叶片上产生褐色小斑点,2~3 天后叶片干枯,严重时植株枯死。

(2)发病原因 在施肥量过大,土壤由碱性变酸性情况下,硝化细菌活动受抑制,二氧化氮不能及时转换成硝态氮而产生危害。

(3)防治方法 一是一定要施用充分腐熟农家肥。二是施无机肥特别是施尿素、碳酸氢铵时,要少施勤施,施后注意加强通风。三是当发生氨气危害时,在叶背喷1‰食醋溶液能明显减轻危害。

四、棚室茄子栽培水分管理

1. 棚室茄子水分管理存在哪些问题?

棚室茄子栽培在水分管理上存在许多问题,通过笔者调查发现,主要如下:一是采用大水漫灌,浇水后的头两天,易引起棚内湿度加大。二是棚室茄子栽培选择清晨和傍晚浇水,易引起蔬菜冻害。三是棚室茄子栽培不看天气、土壤墒情和棚内湿度状况,不考虑茄子需水规律和生育时期盲目浇水。四是棚室茄子栽培不看病虫害发生状况乱浇水,缺少病虫害预防意识。

2. 棚室茄子浇水有哪些禁忌?

第一,棚室茄子栽培忌盲目滥浇。棚室为封闭栽培,土壤水分蒸发和下渗都相对露地少得多,浇水过多影响土壤中水肥气热的协调。

第二,棚室茄子忌阴雨天浇水。阴雨天气温和地温相对较低,浇水后会使地温和棚温继续下降,影响茄子的生长。

第三,棚室茄子忌寒流前浇水。寒流前光热不足,气温和地温下降较快,浇水后会使地温和棚温继续下降,容易造成茄子沤根。

　　第四,棚室茄子冬季忌下午浇水。在温室内外气温都较低的情况下,以上午 10 时以后浇水为好,水温以 20℃左右为宜;下午浇水后,土壤的温度得不到提高,并且棚室内的湿度增大,易染病。

　　第五,天气久阴突然转晴忌浇大水。天气久阴棚室内的气温、地温都较低,突然转晴后,空气温度上升较快,但是土壤的温度要落后气温 2 小时,所以根系活动仍然较弱,浇大水后造成地温长时间低,根系吸水受影响,茄子容易出现生理性失水。

3. 什么是茄子需水临界期？如何根据茄子不同生长阶段的需水规律进行浇水？

　　(1) 茄子需水临界期　茄子不同发育期,对缺水的敏感程度不同,茄子对缺水特别敏感的时期,称为茄子的需水临界期,这个时期缺水对茄子产量的影响最大。茄子的需水临界期是从瞪眼期到收获的时期,此期茄子的营养生长和生殖生长同时进行。

　　茄子不同发育期需水量不同。茄子在整个发育期中,一般前期植株小,叶面积小,需水量少;中期生长旺盛,生长速度快,叶面积迅速增大并达到最高值,营养生长和生殖生长并进,需水量也达到最高值;后期植株叶片开始枯黄,光合作用功能叶片逐步减少,植株蒸腾减少,需水量同时也减少。

(2)茄子不同生长阶段的需水规律 茄子喜水、怕涝,因其枝叶繁茂,蒸腾量大,需水量多,生长期间土壤含水量达田间持水量的80%为好,空气相对湿度以70%~80%为宜。若湿度过高,病害严重,尤其是土壤积水,易造成沤根死苗。茄子根系发达,较耐干旱,特别是在坐果以前适当控制水分,进行多次中耕能促进根系发育,防止幼苗徒长,利于花芽分化和坐果。

①发芽期 茄子种子含水量一般在5%~6%,发芽时吸收的水分接近其重量的60%,所以茄子种子发芽需要充足的水分。否则,发芽率低、出苗慢。

②幼苗期 幼苗生长初期,要求水分充足。随着幼苗的不断生长,植株根系逐渐发达,吸水能力增强,这时如果水分过多,再遇上光照不足或夜温过高、密度过大时,则易引起幼苗徒长。

③花芽分化期 在正常光照、温度条件下,充足的水分能够促进幼苗生长和花芽分化。但如果水分过多,幼苗长势弱,花芽形成质量差。

④开花结果期　茄子栽培中后期,如果出现高温干旱,茄子植株长势减弱,生长发育受阻,易引起植株早衰,并出现落叶、落花、落果现象。

⑤果实发育期　在门茄瞪眼以前,需要水分较少,对茄收获前后需要水分较多。茄子果实中约含90%的水分。水分对果肉细胞的膨大起着非常重要的作用。如果水分不足,果实发育不良,多形成无光泽的僵果,品质变劣,生产中应注意补充水分。

4. 棚室茄子如何按照"三看"进行浇水?

棚室茄子栽培面积大,供应期长,效益好。为了获得高产、稳产,除了调节好温室的温度、光照等外,适时浇水是关键。适时浇水要做到"三看"。

(1)看天气浇水　茄子浇水需选晴天清晨进行,上午9时前结束,下午和阴天绝不可浇水,否则会引起地温下降并诱发霜霉病。具体掌握上:结果后每10天左右浇1次水,冬至到立春可适当控制浇水,15天左右浇1次水,若遇阴天可延长到20天左右不浇水。惊蛰之后天气回暖,浇水应逐渐增多,由7天左右浇1次水增加到5天左右浇1次水。谷雨后可增加到3天左右浇1次水,水量也应增大至浇满沟水。注意浇水时须开启通风口,浇水后应于10时左右关闭通风口,提高温度达32℃~35℃,加速地表残留水分蒸发,下午 1 时左右开小口通风,之后逐渐加大通风口,排除湿气,降低室内空气湿度,预防霜霉病等病害的发生。

(2)**看秧苗浇水** 茄子正常植株的叶片较厚、开展。水分多时,叶片大、薄,叶柄较长,叶柄与茎间夹角小于 45℃。缺水时,叶柄与茎间夹角大于 45℃,叶片下垂,叶柄短,叶色暗。采取膜下暗灌栽培的,从栽培畦北侧,撩起地膜向南看,如果看到有白色的根系,即为缺水表现,应及时浇水。秧苗生长点叶色嫩绿,叶色较下部叶片浅,表明水分充足;生长点叶色墨绿或浓绿,叶色明显较下部叶片深,表明是缺水。

(3)**看土壤浇水** 茄子喜湿怕涝、不耐旱,既要求土壤湿度达到 85% 以上,又不能出现积水涝渍,因而应对其小水勤浇,只要用手抓土不成湿团,掉地散块就需浇水,否则会影响结果,并出现弯茄。土质不同,浇水也应不同,沙质土不保肥、不保水,浇水量应小,间隔时间应短、黏质土、壤土保肥保水能力强,水量可稍大些,间隔时间可长些。

5. 棚室茄子采用劈接法的嫁接苗对浇水有哪些管理要求?

劈接苗嫁接愈合期的头 3 天白天要保持空气相对湿

度达到 95％左右，一般应注意以下几个方面。

第一，必须对假植苗床单独扣盖小拱棚。嫁接后的秧苗一定要用小拱棚密闭起来，用塑料薄膜覆盖，要创造一个有利于保湿的条件。嫁接 3 天后必须把湿度降下来，这是成功的关键。

第二，防止棚膜直接滴水到嫁接苗上。为此，小棚首先做成圆拱形，使棚膜上的水滴顺势流到畦边的地面。平时不要轻易振动棚膜，以防抖落水滴。

第三，及时补充水分。放置营养钵的床面上要洒水，以保证空气湿度。但 3 天后必须注意通风排湿，否则嫁接苗极易发生伤口腐烂现象。

6. 棚室茄子定植前 4～5 天是否需要浇大水？

棚室茄子定植前是否需要浇水，要根据苗情决定，特别注意不需要浇大水，其原因如下。

第一，茄子定植之前 4～5 天在苗床上浇 1 次水，基质中水分供应充足，则茄子生长旺盛，脆性强，叶片等易折断，容易感染病害。

第二，茄子幼苗浇水后在基质中长势良好，根系活动旺盛，就会造成根系的大量生长，这样根系就容易从营养杯底部的透水孔长出，下扎到杯底的土壤当中，以致在搬运幼苗时根系大量断裂，影响茄子缓苗，产生的伤口还容易造成土传病害的入侵,导致根部病害加重。

第三,茄子根系吸收水分和营养主要是依靠根尖完成,在定植之前浇水易导致根系生长量大,根尖较嫩,在定植时根尖大量受伤,会严重影响根系的吸水肥能力,使定植后缓苗时间延长。

第四,在定植茄子前 4～5 天内浇水,使得基质中的水分含量增大,增加了营养杯的重量,加大了搬运茄子幼苗的劳动强度。

7. 什么是茄子明水栽苗法和暗水栽苗法?分别适用于什么季节定植采用?

(1)明水栽苗法 整地做畦后,先按照茄子株行距开穴栽苗,栽完苗后按照栽培畦或田块统一浇定植水的方法,称为明水栽苗法。该法操作简单省工,速度快。但在早春栽植时如果栽后浇水过多,土壤水分蒸发量大,容易引起地温明显降低,不利于茄子幼苗根系生长,缓苗慢。同时,明水栽苗易引起土壤板结,裂缝,保墒能力差,适用于高温季节定植。

(2)暗水栽苗法 先在畦内按照行距开沟或挖穴,随即暗沟(穴)灌水,在水下渗时将苗按株距栽入沟(穴)内。待水全部渗下后封沟(穴)覆土。该法用水集中,用水量小,地温下降幅度小,覆土后表层不易板结,土壤透气性好,有促进茄子幼苗发根和缓苗作用。但是较费工费时,对地面平整度要求高,适合早春定植。

8. 棚室茄子定植后如何浇水?

第一,茄子定植时浇足压根水,缓苗时需保持土壤湿润,到第一朵花开放时要严格控制浇水。在果实开始发育,露出萼片,即瞪眼时,要及时浇 1 次稳果水,以保证幼果生长。

第二,茄子瞪眼后期果实生长最快时,是需水最多的时期,应重浇 1 次壮果水,以促进果实迅速膨大。

第三,果实采收前 3～4 天,要轻浇 1 次冲皮水,促使果实在充分长大的同时,保证果皮鲜嫩,具有光泽。每次的浇水量必须根据当时的植株长势及天气状况灵活掌握。

第四,茄子浇水量随着植株的生长发育进程逐渐增加,每一层果实发育的前、中、后期,分别少、多、少的原则浇水。

9. 棚室茄子春季如何浇水才能提高空气湿度?

茄子生长正常的空气相对湿度为 70％～80％,春季温度高,蒸发量大,容易造成空气湿度降低,不利于茄子正常生长发育。要采取有效措施提高棚室内的空气湿度,目前生产中常用的方法有:一是除去棚室内覆盖的地膜,进行浇水,加大蒸发。二是进行棚室内喷水,增加空气湿度。三是采用遮阳网、间隔放草苫等措施适当遮荫,降低温度,增加空气湿度。

10. 棚室茄子冬季浇水应注意什么问题?

第一,选择晴天浇水,阴天不浇。晴天水温和气温都较高,浇水后不会明显降低地温。

第二,久阴转晴不得浇水。因此时气温高,地温低,浇水后容易因地温过低根系吸水不足,而造成茎叶萎蔫。

第三,选择上午浇水,午后不浇。一般上午日出后2小时左右,地温明显回升后开始浇水。上午浇水,气温较高时可适当通风排湿,降低温室内湿度,预防病害;下午浇水,因温度低不能通风排湿,容易发生病害。

第四,浇小水。棚室茄子冬季浇水量越大,地温下降幅度越大,所以冬季浇水要控制浇水量,只浇小沟不浇大沟,严禁大水漫灌。

第五,浇井水,不浇河水。冬季河水(冰下水)水温较低,直接用河水浇地,会明显降低地温,对茄子生长不利。与河水相比井水水温较高,浇井水不会对地温影响太大。

最好是在温室内一侧建一水池,把井水先注入池内,池口用薄膜封住,防止池水向棚室内蒸发,增加棚室湿度,即利用棚室的热量将水加温后再用来浇灌。

第六,采用膜下浇水。在小沟地膜下浇水,利用地膜来阻止水分蒸发到温室内,以免增加温室内的湿度。浇水时注意防止泥水污染地膜,影响地膜的透光率。

11. 棚室茄子大水漫灌有哪些弊端?

茄子喜湿不耐旱,土壤相对含水量以 70%~80%、空气相对湿度以 70%~80%为宜。若地温低,大水漫灌易造成空气湿度大,茄子会出现寒根、沤根等病害。特别是在遇到雨雪天气,空气湿度大时,叶片表面形成的水膜会干扰气体交换,光合作用、蒸腾作用出现障碍,影响养分、水分的吸收,植株长势减弱、病害加重。

生产中需要浇水时,应选晴天上午浇小水,严防大水漫灌。上午浇完水气温上升到 30℃才能开启通风口,这样既能提升地温,又能排湿。另外,注意浇水的前 1 天,必须先喷 1 遍保护性农药。浇水的第二天如遇到雨雪天气,可燃放烟雾剂农药进行防护。

12. 棚室茄子采用膜下滴灌有什么优缺点?

膜下滴灌,顾名思义,是在膜下应用滴灌技术。这种技术是通过可控管道系统供水,将加压的水经过过滤设施滤"清"后,与水溶性肥料充分融合,形成肥水溶液,进入输水干管—支管—毛管(铺设在地膜下方的灌溉带),再由毛管上的滴水器一滴一滴地均匀、定时、定量浸润作物根系发育区,供根系吸收。

(1)膜下滴灌的优点

①节约水肥 膜下滴灌灌水均匀,灌水均匀度可高达80%～90%。肥料和药剂可通过灌水系统与水一齐施入,节约水肥效果非常显著。节水效率可达70%,可灵活调控用水量,根据茄子生长规律,适时适量地向作物根部供水供肥,实现水肥一体化。

②增产效果明显 膜下滴灌能适时适量地直接向茄子根系附近提供水肥,可提高产品质量,实现高产。与其他灌水方法相比,一般可增产15%～40%。

③降低空气湿度 滴灌液下渗较快,并且局限在根际周围,蒸发面积小,可降低空气湿度,减少病虫害的发生。

④投工费用很低 膜下滴灌由于植株行间无灌溉水分,因而杂草比全面积灌溉的土壤少,可减少除草用工。膜下滴灌防止土壤板结和地温迅速下降,可减少锄地次数。膜下滴灌可实行自动控制,操作方便,劳动效率高。

(2)膜下滴灌的缺点 一是额外增加投资较大,技术要求高,每 667 米² 增加投资 2 000 元左右。二是对水质的要求较高,溶液中各种盐离子较多,滴头细,长时间滴灌容易堵塞滴头,造成滴灌不均匀。生产中要求滴灌一段时间后,打开过滤器进行清洗。清洗操作不便,需要将覆盖的薄膜打开修好后再覆盖,增加了劳动强度。

13. 棚室茄子常用的调节空气湿度的方法有哪些?

(1)地膜覆盖 地膜覆盖可以大大降低地面水分蒸发,且可以减少灌水次数,从而降低空气湿度。

(2)通风换气 通过通风换气将棚室内的湿气排除,换入外界干燥的空气,这是最简易的除湿方法。生产中注意处理好保温与降湿之间的矛盾,不要顾此失彼。

(3)用无滴膜覆盖 无滴膜可以克服膜内侧附着大量水滴的弊端,明显降低空气湿度,且透光性能好,透光率比一般农膜高 10%～15%,有利于增温、降低空气湿度。

(4)采用滴灌或渗灌 滴灌、渗灌在温室内使用,除了具有省水、省工、省肥、省药、防止土壤板结和防止地温下降外,更重要的是可以有效地降低空气湿度。因滴灌和渗灌的灌水量较小,土壤湿润面积也小,可使空气相对湿度降低 10％以上。

(5)膜下滴灌　膜下滴灌综合了地膜覆盖和滴灌的共同优点,是温室降低空气湿度的最有效措施。方法是地面起高垄,然后在高垄中央放上滴灌管,再覆盖地膜。

(6)采用粉尘法及烟雾法用药　温室内的空气湿度本来就很大,采用常规的喷雾法用药还要增加湿度,这对防治病害不利。采用粉尘法及烟雾法用药,可以避免由于喷雾而加大空气湿度,提高防治效果。

(7)中耕散湿　晴天温室温度较高时,通过中耕浅锄地表,加快表土水分蒸发。同时,又切断了土壤毛细孔,阻止土壤深层水分上移。

(8)安装风扇,形成微风　风扇安装在温室的上部,一般在温室的两头、中间安装,形成 5 厘米/秒的风速调节湿度。

14. 棚室茄子土壤进行中耕对于调节湿度有什么好处?

棚室茄子土壤进行中耕好处如下:一是可以消除杂草,减少养分的消耗。二是调节空气湿度。浇水后中耕,促进水分蒸发;干燥时中耕,减少水分蒸发。三是提高地温,使土壤疏松,增加土壤的透气性。四是可促使土壤中的微生物分解有机质。

15. 棚室茄子地膜覆盖栽培增产的原理是什么？

棚室茄子地膜覆盖栽培增产的原理如下。

第一，提高地温。地膜覆盖最显著的效果是提高地温，地膜覆盖能充分利用太阳光能，减少土壤及地表面的有效辐射和热损失。0～10厘米深的土层比不盖膜的土层温度提高3℃～6℃。

第二，保持土壤湿润。盖地膜后可防止水分蒸发，保持土壤水分相对稳定，使土壤湿度经常保持在茄子所要求的适宜范围，不仅浇水次数可减少，浇水前后的湿度变化不明显，水分可缓慢地横向渗入土层。

第三，改善土壤结构和营养条件，提高肥料利用率。采用地膜覆盖避免水直接冲击畦土表面，可以防止土壤板结和养分流失，可为土壤微生物创造良好的活动环境，加速土壤有机质分解，增加土壤中速效养分的含量，改善了土壤的供肥性状，显著促进茄子对矿质养分的吸收。

第四，减少病虫害的发生。由于盖地膜后土壤水分的蒸发受抑制，田间的空气湿度降低，使因湿度过高而引起的病害减少。地膜覆盖能防止害虫进入地下土层，提高防治效果。薄膜的反光作用对驱除蚜虫的效果也较明显,因而能减少蚜虫危害和由此传播引起的病害。

第五,增加茄子植株下部叶片的光照。随着茄子秧苗的不断增长,下部叶片被荫蔽,光合作用减弱而消耗上部叶片所制造的光合产物。覆盖银灰膜后,可以使茄子植株下部叶片多吸收地膜的反射光,减少下部叶片对光合产物的消耗,有利于产量的提高。

五、各茬口棚室茄子土肥水管理技术

1. 棚室茄子栽培茬口有哪些？如何安排？

保护地茄子栽培分为塑料大棚栽培和日光温室栽培2 种。茄子塑料大棚栽培分为早春茬和秋延迟栽培 2 种；日光温室茄子栽培分为秋冬茬、越冬茬、早春茬。棚室茄子的栽培季节和茬口安排见表 5。

表 5　棚室茄子的栽培季节和茬口安排

栽培形式	播种期	定植期	收获期	备　注
早春拱棚	2 月下旬至 3 月中旬	4 月上中旬	5 月中旬	温室育苗
大棚秋延迟	7 月中旬	8 月中下旬	9 月下旬	后期多层覆盖
日光温室秋冬茬	7 月中旬	9 月中下旬定植	12 月下旬至翌年 1 月上旬	日光温室
日光温室冬春茬	9 月上旬至 10 月中旬	11 月中旬	翌年 1 月中旬至 2 月上旬	日光温室
日光温室早春茬	10 月中旬至 11 月上旬	翌年 1 月中旬至 2 月	2 月下旬	嫁接育苗

(1)大棚秋延迟　茄子秋延迟栽培一般 7 月中旬育苗,注意遮阳防雨,8 月中下旬定植,9 月下旬开始收获,后期加盖薄膜保温防霜。

(2)日光温室秋冬茬　茄子秋冬茬栽培一般 7 月中旬露地育苗,苗期遮阳防雨,9 月中下旬定植,日光温室10 月份开始保温,12 月下旬至翌年 1 月上旬开始采收,供应元旦和春节市场。

(3)日光温室冬春茬　茄子冬春茬栽培一般 9 月上旬至 10 月中旬在温室内播种育苗,11 月份定植,翌年 1 月中旬至 2 月中旬开始采收,此茬茄子可一直采收到 6 月上中旬,管理得当或进行再生栽培可周年生产。北纬 40°以北地区栽培冬春茬茄子时,由于 12 月中旬以后光照弱、温度低,往往满足不了茄子正常发育的要求,果实膨大缓慢,如再遇到灾害性天气,容易形成畸形果。

(4)日光温室早春茬　茄子早春茬栽培一般 10 月中旬至 11 月上旬在温室内育苗。翌年 1 月中旬至 2 月定植,2 月下旬至 4 月初开始采收。北纬 40°以北地区以早春茬茄子栽培为主。

2. 棚室茄子不同生长发育时期肥水如何管理?

(1)缓苗期管理　茄子是喜温性作物,定植后地温偏低是影响其生长发育的主要因素,缓苗期在管理上要以提高棚温为重点。茄子定植前 7 天,浇透底水,提高地温。定植时,再浇穴水,定植 1 周缓苗后,及时中耕、控水,防止徒长,门茄瞪眼后应浇水 1 次。缓苗水要轻,浇透为宜,不可浇大水,一般不追肥。定植后 10 天内,要使棚温达到 30℃～32℃以上,以利用棚内气温提高棚内地温,促进茄子发根缓苗。午间通风时要开顶窗通上风,且通风时间宜短不宜长。不能放门风,更不可放底风。植株垄间根区要进行地膜覆盖,以保墒保温,对垄沟要进行中耕松土,以增温、保温、保墒,一般不浇水。要早揭晚盖草苫等不透明覆盖物,这样既可充分采光又严密保温,使棚内夜间气温不低于 12℃,一般保持在 15℃～20℃。

(2)结果前期管理 茄子秧苗定植后 10～20 天即可开花。从门茄花开放至门茄成熟采收期需 20～30 天,为结果前期。此期管理上要以促进枝叶生长旺盛,搭好丰产架子,同时争取门茄果早熟和提高对茄坐果率为主攻方向。及时抹去第一分枝下的侧枝,如进行双干整枝,还应及时打掉多余的侧芽。当门茄核桃大小以前,要少浇水,多进行沟间松土,防止土壤水分过多而引起植株徒长和落花落果。当门茄长到鸡蛋大小时,进行追肥、浇水,每 667 米^{2}追施尿素 10～15 千克。浇水要在晴天上午,采用隔沟浇水的方法,以防降低地温。结合追肥浇水,揭去地膜,进行培土,培土高 8～10 厘米,以促进发根,防止倒伏。

(3) 结果期管理 此期是茄子生长最旺盛的时期,大量开花结果,果实生长量大采收数量多,是需水量最大的时期。要满足植株对水分的需要,土壤经常保持湿润状态。茄子是需肥水较多的作物,特别是在盛果期对肥水的要求更加敏感。为促进果实膨大,增加产量,必须加强肥水供应。要 10～15 天浇 1 次水,隔 1 次水追 1 次肥。每次每 667 米² 追施三元复合肥 20～25 千克或人粪稀1 000～1 500 千克,最好结合浇水冲施,化肥与人粪稀交替使用。在盛果中后期还应追施硫酸钾 5～10 千克和叶面喷施 0.5% 的尿素溶液,以加快植株对氮素养分吸收和防止植株早衰。

3. 棚室茄子栽培如何培育壮苗?

茄子播种前 5～6 天,将选好的种子放入 60℃ 左右的热水中,不断搅拌,静置浸泡 6 小时左右。茄子种皮上易生黏液,浸种后要搓洗数次,将黏液洗净,摊开晾一晾,使种皮表面的水分散发。随之用洁净的湿布或布袋包好,继续催芽。经 5～6 天,种子吐芽时即可播种。选择晴天上午,将播种畦土浇透底水,最好用喷壶均匀喷洒清水。待水渗透畦面不积水后,把种子掺上湿润细土,均匀撒播。播种后覆盖细土 1～1.5 厘米厚,并盖好封严塑料薄膜,傍晚加盖草苫或苇苫。育苗数量较少时,也可以将种子播在育苗箱内,育苗箱内填充培养土 6～8 厘米厚,播种后覆土并封严塑料薄膜。在出苗前,遮光覆盖物应于早晨早揭,傍晚迟盖,以延长日照时间。这一段时期的适宜气温为 25℃～30℃,地温为 16℃～22℃。经 5～7 天幼苗即可出土。

幼苗出土后要适当通风,略降低温湿度,并尽量延长见光时间。幼苗期保持气温为 23℃～25℃,此期应避免高温多湿,防止幼苗徒长。幼苗生长 2 片真叶时,进行第一次分苗;3～4 片真叶时进行第二次分苗,这次分苗株行距为 10 厘米×10 厘米。第一次分苗温度以 25℃～27℃为宜,第二次分苗以 25℃为标准,夜间温度不低于 15℃。分苗后一定要盖严塑料薄膜,以利于增温保温。缓苗后,前期可少通风,尽量保持较高的畦温,促苗快长。定植前7～10 天浇水切块,并加大通风量,进行低温炼苗,白天畦温控制在 15℃左右,夜间不低于 10℃。如果采用塑料营养钵分苗的,就不必进行切块了。茄子适龄壮苗形态是:茎粗壮,节间短,叶深绿色,叶柄稍紫,根系发达,第一花蕾显露。

4. 秋延迟棚室茄子如何进行肥水管理?

秋延迟棚室茄子栽培施基肥,深翻土壤 30 厘米,结合土壤深翻施入基肥,每 667 米² 施腐熟鸡粪 5～8 米³,施入适量磷酸二铵、硫酸钾。深翻 2 遍,将土、肥混匀。栽植株距 50 厘米,行距 60～70 厘米。

为促进缓苗,定植后 3～4 天要浇 1 次缓苗水。茄子叶面积大,蒸发水分多,土壤水分不足时,植株生长缓慢,甚至落花减产,果皮粗糙,品质下降。一般要求土壤保持 80% 左右的相对含水量,结果前期需水较少,果实膨大期需水较多。定植后和开花前除浇缓苗水外,原则上少浇水,多松土,减少水分蒸发,加速缓苗和生长,开花前要浇 1～2 次水,促进开花结果。结果期需要大量的水分,加之天气炎热,蒸发量大,每隔 4～5 天浇 1 次水,浇水次数要根据降雨情况和茄子的需水情况而定。

由于茄子在生长期间陆续结果,分期分批收获,因此需要持续供应养分。追肥是保证茄子丰产的主要措施之一,一般追肥 2 次,每 667 米^2 每次追施磷酸氢二铵 20 千克。第一次在结果盛期,第二次在 9 月中旬。追肥时,在距茎基部 7 厘米处用木棍扎眼,深度 5～7 厘米左右,将化肥施入其中,然后培土,这样可以达到深施,有利于根的吸收,并减少肥料损失的目的。

5. 秋冬茬棚室茄子如何进行肥水管理?

秋冬茬茄子栽培,前期温度高,光照好,后期温度低,光照弱,肥水管理要随着温度、光照的变化适当进行调整,如果肥水管理不当,就会造成烂根、沤根、叶片黄化等不良现象。

茄子是需肥水较多的作物,必须加强肥水供应,应根据土壤状况和作物需求,进行配方施肥,做到有机肥和无机肥相结合。有机肥多选用经过充分腐熟的鸡粪、鸭粪等农家肥,一般每 667 米² 施农家肥 6 000～10 000 千克、饼肥 200～300 千克;无机肥一般选用过磷酸钙 150 千克、尿素 50～70 千克或三元复合肥 70～100 千克。

定植后,到门茄坐果前,一般控制浇水,防止植株徒长。对茄坐住后,开始追肥浇水。

注意:棚室茄子冬季切不可浇水量过大,应选择在晴天上午浇水,因为这时水温与地温较接近,地温容易提升,而且下半天还有充分排湿的时间。浇水当天,要尽快恢复地温。与此同时,还要尽量排湿,如果湿度过大,很容易引起霜霉病和白粉病。一般采用膜下浇水的方式,这样可以减少水分蒸发,降低温室内空气相对湿度。一般空气相对湿度保持在 70%～80% 为宜,土壤湿度保持在田间持水量的 70%～80% 为宜。

在茄子盛果期,每 8～10 天浇 1 次水,隔 1 次水追 1 次肥。每次追施尿素 10～15 千克或人粪稀 800～1 000 千克,最好结合浇水冲施,化肥与人粪稀交替使用。在盛果中后期还应每 667 米² 追施硫酸钾 6～7 千克和叶面喷施 0.5% 的尿素溶液。在茄子的结果期不宜追施磷肥,以防果实变硬。

6. 越冬茬棚室茄子如何进行肥水管理?

棚室越冬茄子栽培时期温度较低,浇水施肥应特别注意。注意结合基肥施用情况浇水,在 667 米² 施基肥 5 000~8 000 千克、饼肥 200~300 千克,且地温较高透气性好的地块,浇水量可大一些,浇水间隔时间也可延长。当基肥少于 3 000 千克时,浇水量宜少,以防茎、叶疯长。

定植前 10 天,浇透水,定植时,再浇穴水。定植 1 周缓苗后,及时中耕、控水,防止徒长。茄子定植缓苗后应以促根蹲苗为主,适当控制地上部的生长,以促进根系的扩展。因为进入结果期以后,根系分配到的同化物越来越少,如果前期不能形成强大的根系,后期生长缓慢,势必影响整个植株的发育。具体管理方法是:严格控制浇水,土壤不干不浇水。如果土壤及茄子植株出现缺水的症状,可在晴天上午在小沟内浇水,当天下午适当提早覆盖草苫,以后几天要加强通风排湿。白天温度超过 30℃ 从温室的棚顶放风,下午到 20℃ 闭风。天气不好可提前闭风,一般气温降到 15℃ 开始覆盖草苫,遇到寒流时可在 17℃~18℃ 时覆盖草苫,前半夜保持 15℃ 以上,后半夜降到 11℃~13℃,早晨揭开草苫时温度保持在 10℃~12℃。

11月上旬,门茄瞪眼后应浇透水1次,随水追硝酸铵或尿素20千克.以后浇水量逐渐减少,冬季一般不浇大水,干旱时在膜下小行内浇暗水,并视生长和需肥情况进行浇水和追肥。

越冬茄子尽量减少浇水,以免地温下降或沤根。浇水时最好选晴天上午进行,3～4月份,由于气温回升,浇水次数可以适当增加。

7. 越冬茬大棚茄子心叶发黄肥水如何管理?

越冬茬大棚茄子心叶发黄的现象主要发生在植株顶端,刚开始时,顶部叶片出现均匀失绿现象,逐渐黄化,整个心叶犹如黄纸一般。其管理方法如下。

(1)加强茄子大棚的保温工作 在深冬季节,最重要的是要提高棚内气温、地温,促进根系生长发育,从根本上缓解茄子心叶发黄症状,提高根系对锌、铁等营养元素的吸收量。一般情况下,白天棚内温度应调控在25℃～30℃,夜间在12℃～15℃,保证10厘米地温不低于12℃。当夜间温度低于12℃时,应采取加厚草苫及其他增温措施。另外,冬季在操作行内覆盖作物秸秆或稻壳,也是一项保持地温稳定的好办法。

(2)浇水切忌大水漫灌 冬季茄子浇水一定要注意浇小水,因冬季水温较低,浇水量过大地温下降迅速,很容易导致茄子的毛细根受伤,吸收能力下降。在浇水时间的安排上,一定要选在晴天上午10时前进行。

(3)增施生物肥 生物肥有改良土壤结构,促进蔬菜根系生长发育的作用。在茄子浇水追肥过程中,注意配合施用适量的生物肥,以增强植株的抗逆抗病能力。

(4)喷施含锌含铁的叶面肥 茄子出现心叶发黄的症状后,除了要养护好根系外,要及时喷施含锌、铁的叶面肥,5天1次,连喷2~3次,效果较好。

8. 冬春茬棚室茄子如何进行肥水管理?

冬春茬棚室茄子生产主要是在一年之中日照最差、温度最低的季节,对植株生长十分不利,技术难度较大,肥水管理要求比较严格,才能保证高产。

冬春茬茄子要施足基肥,既要满足茄子长期结果对养分的需要,又不能施用过量产生肥害,要有利于提高土壤的通透性和贮热保温能力。因此,基肥应以腐熟的秸秆堆肥、牛马粪、禽粪猪圈粪和粪稀为主。

(1)加强茄子缓苗期的管理 此期管理对苗齐苗壮至关重要,也直接关系到茄子的产量与质量。要在定植半个月之内,使棚室内的温度达到30℃~32℃,以利于提高棚内的地温,促进发根缓苗,提高成活率。并要中耕松土,以便增温、保墒,一般情况下不要浇水。

(2)茄子缓苗后至采收前的管理 前期要适当控制追肥浇水,到门茄长至直径 3～4 厘米大小,即瞪眼后果实即将进入迅速膨大期,这时就要开始追肥浇水。一般每 667 米^{2}追施三元复合肥 15～20 千克。为了保证坐果和果实快速肥大,自开花前 3 日(花冠已呈现紫色)到花全开的第二天,需用防落素进行处理。经药剂处理后花冠往往不易脱落,常黏附果上使果实局部着色不良,还可能成为灰霉病的侵染源,所以在果实膨大后要及时把残留的花冠轻轻地摘掉。除了喷涂植物生长调节剂防止落花落果、促进果实加快生长外,还需喷施微量元素肥料,以提高植株的光合能力,促进光合产物积累。

(3)加强茄子盛果期的管理 盛果期一般是指植株结 2～4 层果的时期。8～10 天浇 1 次水,隔 1 次水追 1 次肥。每次每 667 米^{2}追施尿素 10 千克或人粪稀 800～1 000 千克或三元复合肥 15～20 千克,在中后期还应追施硫酸钾 6～7 千克和叶面喷施 0.5％的尿素溶液。

9. 冬春茬温室茄子死苗原因有哪些?

(1)肥害 施用未充分腐熟的肥料,或施肥浓度过大。

(2)连阴后骤晴 在连阴或雨雪天后骤晴,会造成原本缺水的茄子急性萎蔫,如时间较长,补救措施不及时,易造成死苗。

(3)**通风不合理** 茄子进入开花结果期,晴天高温,通风量大,叶面蒸腾快,部分发根不良的植株开始萎蔫,严重失水的则整株凋枯。

(4)**冷害或冻害** 当遇低温棚室内气温低于 10℃时,日光温室内茄子易产生冷害或冻害。

(5)**沤根** 沤根造成的死苗现象多发生在苗床或定植后不久,多因为苗床或栽培田一次浇水太多而造成低温下土壤湿度大,根系沤烂,使地上部分停止生长。

(6)**病害** 日光温室茄子苗期的死苗多由猝倒病和立枯病所致,定植后导致死棵的病害较多,如枯萎病、疫病、根腐病、蔓枯病等。

六、棚室茄子生理病害和土传病害防治技术

1. 棚室茄子沤根如何防治?

(1)发病症状 茄子沤根主要在苗期发生,成株期也有发生。发病时根部不长新根,根皮呈褐锈色,水渍腐烂,地上部萎蔫易拔起。

(2)发病原因 主要原因是室温低,湿度大,光照不足,造成根压小,吸水力差。

(3)防治方法 一是采取措施加强保温,苗期和室温低时不要浇大水,最好采用膜下暗灌浇小水的方式浇水。注意天气预报,选晴天上午浇水,保证浇后至少有2天晴天。二是定植前加强炼苗,注意通风,只要气温适宜,连阴天也要通风,培育壮苗,促进根系生长。三是尽可能及时揭盖草苫,阴天也要及时揭盖,充分利用散射光。

2. 棚室茄子枯叶如何防治?

(1)发病症状 茄子中下部叶片干枯,心叶无光泽,叶片尖端至中脉黄化,并逐渐扩大到整个叶片,折断茎秆

观察,维管束无黑筋。

(2)**发病原因** 为防止棚室内湿度大,引起各种病害发生与流行,生产中往往采取控制浇水的方法,致使土壤墒情差,土壤孔隙大,造成根系冻害,或者施肥过多,土壤浓度过大,致使植株脱水引起生理缺镁所致。

(3)**防治方法** 一是提高地温,避免冻伤根系。二是在寒流来临前 1 天,用 300 倍白糖溶液喷施叶面,防止寒流对茄子叶片的伤害。三是平衡施肥,在确保茄子对氮、磷、钾等肥料的需求前提下,增加含钙、镁肥料的施用量,每 667 米^2 施用高钙钾镁肥 40 千克,随基肥一起施入土壤。

3. 棚室茄子顶叶凋萎如何防治?

(1)**发病症状** 植株顶端茎皮木栓化龟裂,叶色青绿,边焦边黄化,果实顶部肉皮下凹,易染绵疫病,烂果。

(2)**发病原因** 碱性土壤或由低温弱光期转入高温强光时,地上部蒸腾作用增强,但根系吸收能力弱,造成顶叶因缺钙、缺硼而凋萎。

(3)**防治方法** 一是在茄子叶面补充钙硼肥。二是遇高温强光天气要注意通风降温。三是发生绵疫病时可喷施波尔多液、甲基硫菌灵等抗真菌性药剂防治。

4. 棚室茄子落花如何防治?

(1) 发病原因　一是在花芽分化期,肥料不足,夜温高,昼夜温差小,干旱或水分过大,日照不足造成花的质量差,短柱花多而落花。二是在开花期,光照不足,夜温高,温度调控大起大落,肥水不足或大水大肥造成花大量脱落。

(2) 防治方法　一是选择肥料充足肥沃的土壤,加强植株管理培育壮株。茄子定植缓苗后,追施 1 次人粪尿,浇缓苗水,在门茄开花时,适当控水蹲苗,直至门茄瞪眼结束蹲苗,开始浇水施肥。二是加强湿度调控,及时适量给水。三是加强温度管理,采取相应的降温措施,注意不要使夜温高,否则花大量脱落。气温白天控制在 20℃～30℃,夜间 20℃以上,地温不低于 20℃。大拱棚茄子进入 5 月份棚膜应逐渐揭开,防止高温危害。四是在茄子花蕾含苞待放至刚开放这段时间,用植物生长调节剂涂抹花柱头。五是注意要经常擦去棚膜上的灰尘,增强光照。六是移植时把秧苗带土提起,尽量少伤根,定植后不仅缓苗快,还可防止落花、落果。

5. 棚室茄子果实日灼病和叶烧病如何防治?

(1) 发病症状　日灼主要危害果实,果实向阳面出现褪色发白的病变,逐渐扩大,呈白色或浅褐色,导致皮层变薄,组织坏死,干后呈革质状,以后容易引起腐生真菌侵染,出现黑色霉层,湿度大时,常引起细菌侵染而发生果腐。

茄子育苗和大棚栽培有时发生叶烧病,特别是上中部叶片易发病。叶烧病发生轻叶尖或叶边缘变白,重时整个叶片变白或枯焦。

(2)发病病因 茄子果实暴露在阳光下导致果实局部过热引起,早晨果实上出现大量露珠,太阳照射后,露珠聚光吸热,可致果皮细胞灼伤。拱棚茄子五一撤棚后,气温逐渐升高,土壤水分不足,或雨后骤晴都可能导致果面温度过高。生产上栽植过稀或管理不当易发生叶烧病。主要是阳光过强或大棚通风不及时,造成大棚内光照过强、温度过高而形成的高温危害,棚内温度高、水分不足或土壤干燥会加重叶烧病发生。

(3)防治方法 一是选用早熟或耐热品种,如早茄3号、济南小早茄、七叶茄、长茄1号等品种。二是在拱棚后期生长中要适时灌溉补充土壤水分,使植株水分循环处于正常状态,防止植株温度升高而发生日灼病和叶烧病。三是合理密植,采用南北垄,使茎叶相互掩蔽,避免果实接受阳光直接照射,育苗畦或大拱棚内温度过高要及时通风降温。四是发生叶烧病时要加强肥水管理,以促进植株生长发育正常。

6. 棚室茄子果实着色不良如何防治？

(1)发病症状 果实着色不良紫色茄子颜色表现为淡紫色或红紫色,严重的呈绿色,且大部分果实半边着色不好,影响上市时期和商品价值。

(2)发病病因 茄子果实着色主要受光照影响,经试验用黑色塑料遮光的果实是白色的。早春栽培的茄子,在果实膨大期正处于光线较弱的季节,塑料膜透过紫外线的能力差,茄子着色不好,如果此时遇到高温干燥或营养不良,着色更不好,且无光泽。此外,大棚薄膜污染,上面有较多灰尘或经常附着水滴也会影响透光,不仅影响光合作用,同时着色也受到影响。

(3)防治方法 一是选用耐低温品种,选择地势高燥、透光良好的棚室栽培。最好使用透光性能好的无滴膜,并且经常清除膜上的尘土。二是合理密植,一般每667米^{2}栽2 800~3 000株,也不可栽植过密,以保证茄子中下部透光。三是适当疏枝,坐果后如有花瓣残存在花萼或枝杈处,应及时去掉,防止湿度过大时感染灰霉病而影响着色。四是茄子阶段结果习性较明显,疏枝应结合采摘进行。有目的地疏除老枝及旺发的腋梢,选4~6个强壮的腋梢作新枝培养。防止早衰,适时采收,紫色品种整个果实表皮呈深紫色，即应采收。

7. 棚室茄子僵果如何防治?

(1)发病症状 僵果又称石果、单性果或雌性果，是单性结实的畸形果，果实个小，果皮发白，有的表面隆起，果肉发硬，适口性差，直径一般在 5～8 厘米，厚度为 2.5～4 厘米，脐深 0.5～1 厘米。

(2)发病原因 主要是果实授粉受精时，温室内气温、地温低引起的。花蕾由于受不良环境的影响，形成短花柱，不能正常授粉，或不饱满的花粉不能正常萌发形成花粉管，出现单性结实，果实缺乏生长激素，影响对碳、锌、钾、硼等果实膨大所需元素的吸收，导致果实不膨大，形成僵果。

(3)防治方法 一是加强温度管理，在花芽分化期和开花期保持 25℃～30℃适温，最高不要超过 35℃。二是加强肥水管理，及时浇水施肥，但不要施肥过量，浇水过大。三是加强光照管理，选用高保温消雾膜覆盖，避免拉开草苦后，温室内起雾，增加温室内透光率，促进果实授粉受精。四是定植时起高垄，垄高一般在 8～10 厘米，施肥除保证氮、磷、钾的需求外，增施腐熟的牛粪、鸡粪及生物菌肥。五是培育壮苗，采取劈接法育苗。六是在茄子苗期、花期喷施促花膨果素，促使花芽饱满，防止形成畸形花。七是及时摘除老叶及僵果,避免与上层果实争夺养分,减少出现僵果。

8. 什么是茄子土传病害？如何防治茄子土传病害？

土传病害是指由土传病原物侵染引起的植物病害。土传病害属根病范畴。侵染病原包括真菌、细菌、放线菌、线虫等,其中以真菌为主,如腐霉菌引起苗猝倒病、丝核菌引起苗立枯病。抑制茄子根周围病原物的活动成为保护根系并进行土传病害防治的基础,但必须重视和考虑土壤理化因素对茄子、土壤微生物和根部病原物三者之间相互关系的制约作用。

近年来,由于日光温室茄子生产多年连作,致使土传病害严重发生。主要土传病害有枯萎病、青枯病、疫病和根结线虫病等,生产上往往是几种病害混合作用,致使植株大量萎蔫、枯死。在山东省寿光地区,连作 5 年以上的日光温室,因土传病害轻者减产 30%～50%,重者减产达 60%以上,使菜农遭受严重损失。土传病害防治方法如下。

(1)轮作换茬 与非茄果类蔬菜轮作 5 年以上,最好采用与禾本科作物轮作,有显著的防病和平衡土壤养分的效果。

(2)高温闷棚 6月下旬至8月中旬将温室内土壤深翻25厘米以上,然后起垄,垄高30厘米,宽30~40厘米,垄间距80~100厘米,严密覆盖地膜,温室棚膜密闭,于膜下灌透水,这样25厘米土层内温度达到35℃以上,保持20天以上。

(3)土壤化学消毒 茄子定植前20~30天,将土壤翻深25厘米,可选用下列配方杀菌消毒:20%石灰水+50%多菌灵可湿性粉剂800倍液;47%春雷•王铜可湿性粉剂600倍液+50%琥铜•甲霜灵可湿性粉剂800倍液;14%络氨铜水剂400倍液+58%甲霜•锰锌可湿性粉剂800倍液。用上述药剂均匀喷洒全棚。

(4)基质栽培 土传病害特别严重的温室,可采取有机、无机、有机无机混合基质栽培。生产中常见的栽培模式有袋式栽培、槽式栽培等。

(5)平衡施肥 增施有机肥和生物活性肥。每667米²最好基施100~150千克含有生物活性的生物有机肥;追肥时,不要偏施氮肥,最好施三元复合肥或优质的茄子专用肥。

(6)提早预防 定植后,先用1.8%阿维菌素乳油1000倍液灌根,每棵250毫升,可有效预防根结线虫病的发生。结果后,及时用药剂灌根,零星发现植株萎蔫,及时拔除带出棚外,并用上述药剂灌根,每隔 7～10 天灌根 1 次,连灌 2～3 次。

9. 棚室茄子根结线虫病如何防治?

茄子根结线虫是一种严重危害茄子生长的害虫,主要危害茄子根部,使根部多出现肿大畸形,呈鸡爪状,在茄子的须根及侧根上出现虫害时,切开根结有很小的乳白色线虫藏于其中。根结上生出的新根会再度染病,并形成根结状肿瘤。受害植株萎缩或黄化,高温干旱时茎叶出现萎蔫,重者植株生长停滞或枯死。拔出病株可见到根部长有近球形瘤状物,为根局部膨大,似念珠状相互串连。初时表皮白色,后变褐色,上长有稀疏毛状细根。

茄子根结线虫多分布于茄子根系所在区域,大多在 3～10 厘米的表土层活动。线虫发病严重的植株形态矮小,发育不良,甚至早衰枯死,土壤干燥、质地疏松的冬暖大棚适宜线虫活动,发病严重,常年连作的大棚发病严重,减产 30%～50%。

茄子根结线虫病防治主要包括线虫的预防和控制传播两个方面。其中控制线虫传播主要包括换鞋或鞋底消毒、旋耕机消毒、人工翻地、采用滴灌灌水、高畦深沟栽培、彻底清除病根并集中处理等方法。预防措施主要包括选用抗根结线虫品种、选用抗性砧木嫁接控制根结线虫技术、土壤消毒防治根结线虫技术、生物药剂防治根结线虫技术、化学药剂防治根结线虫技术、秸秆发酵防治根结线虫技术、蒸汽消毒物理防治及综合防治技术等。具体防治方法如下。

(1)切断传播途径 茄子根结线虫靠自行迁移而传播的能力有限，一年内最大的移动范围为 1 米左右，通常只有 20~30 厘米。但其借助外界的力量迁移和传播的能力非常强，当然这种外界力量大多是人为制造的。只要采取的措施得力，就可以将线虫控制在一定范围内，减缓其侵染速度。

①换鞋或鞋底消毒 换鞋或鞋底消毒对切断设施与设施或设施与其他外界空间的根结线虫传播非常有效，鞋底消毒就是在温室门口放置消毒液，进入温室前消毒鞋底。为了最大限度地减少线虫的危害，在生产栽培期间，尽量减少无关人员的出入，必要进入棚室内，一定要进行仔细的鞋底消毒处理。

②旋耕机消毒 近几年来，根结线虫的危害越来越严重，这与旋耕机在大棚的普遍使用密切相关。为防止根结线虫通过旋耕机从一个大棚传入另一个大棚，不同的大棚在使用旋耕机前要对旋耕机进行严格消毒，把锄轮上的土清理干净，同时用火或用热水、消毒药剂进行消毒，以杀灭旋耕机上携带的根结线虫。

③人工翻地　最好用铁锨进行人工翻地,这样可以避免旋耕机传播根结线虫,但同时也要注意尽量不要用别的棚室内已经多次使用过的铁锨,如需要使用别的棚室内的铁锨,则一定要做好消毒,严防线虫虫卵带入传播。

④采用滴灌灌水　同一个棚室内,如果已经有小面积的线虫危害发生,由于线虫迁移传播速率有限,一般整棚快速侵染的速率较慢,短时间内不会像其他真菌类、细菌类病害那样迅速侵染。但是,如果采取大水漫灌的灌水方式,线虫传播速率就会明显加快,传统的设施蔬菜大水漫灌是根结线虫传播的重要途径。目前研究表明,滴灌灌水技术,对于减缓线虫传播速度有很大的好处,原因主要是滴灌中肥液运输过程通过管道运输,大大减少了其与土壤的接触面积,滴灌施肥点周围之外的土壤线虫失去了通过漫灌借水传播的机会。

⑤高畦深沟栽培方式　无条件进行滴灌栽培的地区,可采用高畦深沟栽培方式定植蔬菜,在深沟内浇水,严禁串灌、漫灌。

⑥彻底清除病根,并集中处理　棚室茄子收获完毕后,应立即清理土壤中的病残体,以减少虫源,减轻发病率。同一棚室内的病株残体,应采取田间原位拔除,直接运到室外进行消毒处理的方式,不要将拔除的病株残体

在棚室内随处丢置,以免造成线虫大面积传播。

(2)搞好农业防治和化学防治

①选用抗根结线虫品种 选用高抗根结线虫品种是防治根结线虫最根本有效的方法。抗线虫品种,从播种到拉秧,在没有使用任何药剂防治的情况下,根结线虫发生率很低,是根结线虫发生严重地区日光温室理想的换代品种。

②砧木嫁接控制根结线虫技术 选用抗性砧木嫁接控制根结线虫,效果非常显著。抗性砧木嫁接控制根结线虫技术已成功应用于茄子栽培,砧木多选用托鲁巴姆,生产上多采用劈接法。托鲁巴姆应比接穗茄子种子早播20~25天。该模式根结线虫防治率在90%以上,这是目前为止任何一种农药均无法达到的防治效果。但要注意,在同茬茄子栽培中,特别是早春茬,要注意较非嫁接栽培适当早定植15~20天。

嫁接后能减轻根结线虫危害,还不能从根本上杜绝其危害。因此,生产中不单独采用砧木嫁接控制根结线虫技术,必须结合其他防根结线虫技术应用。

③土壤消毒防治根结线虫技术 包括石灰氮处理土壤、药剂熏蒸土壤等方法。高温季节将石灰氮与土壤充分混合,加入碎草、秸秆等未腐熟有机物,然后灌水覆膜,石灰氮分解时产生的氰氨液可促进有机物的腐熟,而有

机物腐熟的过程中又会产生热量,可使土壤较长时间保持较高的温度,使土壤中的病原菌和根结线虫及虫卵等在短时间内失去活性,达到良好的防治效果。

6～8月份棚室茄子夏季休闲季节,是一年中天气最热、光照最好的一段时间,将前一季残留物清洁出菜田,每 667 米² 施用碎草、麦秸或有机物 1 000～2 000 千克,深翻入土中,深度 30～40 厘米。深翻 2 遍后整平起垄做 50 厘米宽畦,用薄膜将土壤表面完全封闭,防止土壤水分散失,封闭后从薄膜下往畦间灌满水,直至畦面充分湿润为止,但不能一直积水。然后将温室完全封闭,使 20 厘米土层内温度达到 40℃,保持 7 天,或 37℃ 保持 20 天,即可有效杀灭土壤中的真菌、细菌、根结线虫等有害生物。消毒完成后翻耕土壤(应控制深度,以 20～30 厘米为宜,以防止把土壤深层的有害生物翻到地表),晾晒 3～5 天后方可播种或定植。

④生物药剂防治根结线虫技术 目前,用于防治茄子根结线虫效果较好的生物农药主要有:阿维菌素、甲壳素、放线菌、淡紫拟青霉等。这些生物农药可在茄子生长期内使用。

用 2% 阿维菌素乳油 1 500 倍液喷洒地面,再深翻土壤,整平播种。定植后若有线虫,可用 2% 阿维菌素乳油 1 500 倍液灌根,每株灌药液 250～400 克。在苗期使用甲壳素 400～500 倍液灌根,效果比较理想。

在播种或移栽时拌干土,均匀穴施或条施在种子或幼苗附近。若增施有机肥,效果更佳。每 667 米² 用 5% 淡紫拟青霉颗粒剂 1.5～2 千克。

⑤化学药剂防治根结线虫技术　目前使用较多的是噻唑膦,效果比较理想。10% 噻唑膦颗粒剂是一种具有触杀及内吸传导性能的新型杀线虫制剂。在茄子定植前采用多次稀释法与细土充分拌匀,均匀撒施在畦面上,再将药土与畦面表土层(15～20 厘米)充分拌匀,然后定植。每 667 米² 使用 10% 噻唑膦颗粒剂 1.5～2 千克,拌成 20 千克药土,定植前使用 1 次即可实现整个生育期的全程控害。

⑥秸秆发酵防治根结线虫技术　利用 6～8 月份设施蔬菜夏季休闲季高温时间,温室内开深 30 厘米、宽 40 厘米的沟,每 667 米² 集中往沟内施 3 000～4 000 千克麦秸或玉米秸、50～60 千克碳酸氢铵、5～6 米³ 鸡粪及部分表土,培成垄,覆盖地膜后灌透水,并盖严薄膜,使秸秆发酵产生高温,以达到灭菌、灭虫、改土的效果,根结线虫防效可达 70%。

⑦蒸汽消毒物理防治　利用蒸汽高温进行线虫防治,效果较好,且无任何污染,但需要安装特殊的蒸汽发生设备。保护地茄子定植前,可将土壤中埋好蒸汽管,地

面覆盖塑料薄膜,通过打压送入蒸汽,使 25 厘米地温升高至 60℃以上,并保持 30 分钟,即可杀灭病原线虫。

(3)设施蔬菜根结线虫综合防治技术

①加强检疫　检疫是防治茄子根结线虫随种苗远距离传播的有效手段。

②客土　将保护地 0～35 厘米的土层换成无根结线虫的土壤层,对根结线虫防治有较好的效果,但工作量大。

③清洁田园,培育无病壮苗移栽　清除病根,集中销毁,以降低田间线虫密度。

④轮作　与大葱、玉米等轮作,可在一定程度上减轻线虫危害。

⑤水淹法　对 5～30 厘米土层进行淤灌 1～2 个月,可抑制线虫的侵染和繁殖。

10. 棚室茄子青枯病如何防治?

(1)发病症状　茄子初发病时,叶色较淡,呈萎蔫状,有全株同时发生的,也有先在个别枝上或只发生在个别叶片上的,后扩展到整株叶片都发病,植株迅速枯死,后期病叶变褐枯焦,脱落或残留在枝上。发病植株的根、茎外部变化不明显,较正常。剖开病茎基部,本质部变为褐色。此病始于茎基部,以后延伸至枝条。枝条的髓部大多溃烂或中空,湿度大时用手进行挤压病茎的横切面,有少量乳白色黏液溢出,这是本病重要特征。在植株枯死过久时,茎部往往干枯,用此法不易鉴别,可将植株主茎横切置于清水中,不久如有乳白色液体流出即为本病。

(2)发病规律 病原细菌可随根、茎等残余组织遗留在土壤中越冬及长期潜伏,有报道该菌可在土壤中存活14个月至6年之久。病菌随雨水、灌溉水及土壤传播。主要从根部伤口侵入。高温、高湿有利于病害发生,而土温常较气温更重要。据观察,病田地温20℃时,病菌开始活动,可有零星病株出现;地温25℃时,田间出现发病高峰。在土壤呈弱酸性时易发生本病。此外,长期连作、地下水位高的田块发生较重。

(3)防治方法

①轮作换茬 与禾本科或十字花科作物进行5年以上的轮作。

②土壤消毒 每667米²施用消石灰100~150千克,与土壤混匀后,再栽植茄苗。

③种子消毒 从无病植株上采种,必要时进行种子消毒。可采用52℃温水,或用300毫克/千克新植霉素浸种,洗净后催芽播种。

④药剂处理 发病初期及时拔除病株,并在穴内撒石灰消毒,防止病菌扩散。用77%氢氧化铜可湿性粉剂500倍液,或72%硫酸链霉素可溶性粉剂4 000倍液,或

14％络氨铜水剂 300 倍液,或 50％琥胶肥酸铜可湿性粉剂 500 倍液灌根,每株灌药液 0.25 升,隔 7 天灌 1 次,连灌 2～3 次。

⑤嫁接处理　利用托鲁巴姆作砧木嫁接,可以兼治茄子青枯病。

11. 棚室茄子猝倒病如何防治?

(1)发病症状　猝倒病是大棚茄子苗期的重要病害之一,多发生在育苗床上,常见症状有烂种、死苗、猝倒。发病初期,植株主根或须根变黄,地上部无明显症状,以后病部明显扩展,地上部的叶片在中午时下垂,早、晚恢复。几天后,根部呈黄褐色湿腐,地下部呈青枯状萎蔫、死亡。

(2)发病条件　病菌借助雨水和灌溉水流动传播,施用带菌堆肥或污染带菌土壤,也引起传播。该病菌生长要求较高湿度,孢子萌发、移动和侵染都需要水分。另外,若长期处于 15℃以下,不利于幼苗生长,容易诱发猝倒病。

(3)防治方法

①床土消毒　每平方米苗床用 95％噁霉灵原药 1克,对水成 3 000 倍液喷洒苗床。或用 35％甲霜·福美双可湿性粉剂 2～3 克,或 25％甲霜灵可湿性粉剂 9 克加

70％代森锰锌可湿性粉剂1克拌细土15～20千克,拌匀,播种时下铺上盖,将种子夹在药土中间,防治效果明显。

②农业措施 苗床要整平、床土松细。肥料要充分腐熟,并撒施均匀。苗床内温度应控制在20℃～30℃,地温保持在16℃以上,注意提高地温,降低土壤湿度,防止出现10℃以下的低温和高湿环境。缺水时可在晴天喷洒,切忌大水漫灌。及时检查苗床,发现病苗立即拔除。

③药剂防治 发病初期喷洒72.2％霜霉威水剂400倍液,或70％代森锰锌可湿性粉剂500倍液,或15％噁霉灵水剂1 000倍液等药剂,每平方米苗床用配好的药液2～3升,每隔7～10天喷1次,连续2～3次。喷药后,可撒干土或草木灰降低苗床土层湿度。苗床病害发生初始期,可按每平方米苗床用4克敌磺钠粉剂,加10千克细土混匀,撒于床面。灌根也是防治猝倒病的有效方法,于发病初期用根病必治1 000～1 200倍液灌根,同时用72.2％霜霉威水剂400倍液喷雾,效果很好。也可使用新药猝倒必克灌根,效果很好,但注意不要过量,以免发生药害。

12. 棚室茄子根腐病如何防治?

(1)发病症状 大棚茄子根腐病一般在早春定植后开始发病,刚发病时,白天叶片萎蔫,早晚均可复原。反复多日后,叶片开始变黄干枯,同时根部和根基部表皮呈褐色,初生根或侧根表皮变褐,皮层遭到破坏或腐烂,毛细根腐烂,导致养分供应不足,下部叶片迅速向上变黄萎蔫脱落,继而根部和根基部表皮呈褐色,根系腐烂。

(2)发病规律 茄子根腐病是真菌侵染引起大面积死秧的病害,病菌能在土壤中存活 5～6 年或者长达 10 年,成为土中的一种习居菌,是一种顽固的土传病害。病菌适应的温度范围较广,10℃～35℃均可发病,最适温度为 24℃,病菌发病湿度为 85% 以上。一般多在春天地温恢复后开始发病,一旦寄主的抵抗力降低,病菌即可进行危害。

(3)防治方法

①实行轮作与垄作栽培 茄子根腐病主要由土壤中的腐皮镰孢菌侵染植株引起,病菌在土壤中存活时间长,防治该病要选择 3 年内未种过茄子的沙壤土,前茬为百合科作物最佳,或者与十字花科蔬菜、葱蒜类蔬菜实行 2～3 年的轮作。同时,采用高畦垄作栽培,移栽前平整土地,地膜覆盖移栽。高畦栽培可避免灌溉后根部长期浸泡在水里,提高地温,促进根系发育,提高植株抗病力。株行距 40 厘米×40 厘米,周边沟、垄沟深度不低于 40 厘米,及时排除棚内积水,避免土壤过湿。另外,苗期发病要及时进行根部松土,增强土壤透气性。

②增加农家肥施用量,减少化肥施用量　茄子生长过程中追施有机肥,一般在 2 株茄子中间开穴,追施0.5～1 千克的腐熟圈肥。农家粪肥在使用前必须晾干、消毒,充分利用太阳光杀菌消毒的作用,杀死其中的有害病菌。尽量不要在阴雨天气浇水。防止雨天湿度大,造成根腐病菌的传播。如果实在太旱,尽量选择有 2～3 天晴天的上午进行浇水,并且在浇水前 2～3 天前用多菌灵、噁霉灵等药剂进行灌根处理,灌药时添加含甲壳素类物质的药剂。杀菌剂起防止病原菌复发的作用,含甲壳素药剂具有提高作物抗逆性的作用,同时具有促进作物健壮生长的作用,这样能提高作物对病原菌的抗性。另外,浇水时尽量采用小水,避免出现大水漫灌的情况,浇水后当天下午将干草木灰撒到温室内,以降低温室内空气湿度、降低作物发病率。

③化学防治　发病初期用药剂灌根,常用的灌根药剂有 50%多菌灵可湿性粉剂 500 倍液,或 50%苯菌灵可湿性粉剂 800 倍液,或 50%甲基硫菌灵可湿性粉剂 500～800 倍液,或 50%氯溴异氰尿酸可溶性粉剂 600 倍液加全质性营养液肥,或硫酸铜 2 000 倍液灌根,一般灌药液为200～300 克/株,每 7～10 天灌 1 次,连续灌 2～3 次。或者用 90%敌磺钠可湿性粉剂 500～1 000 倍液灌根,250～500 克/株。

13. 棚室茄子疫病如何防治?

(1)发病症状 果实发病初期产生水浸状紫褐色病斑,病部迅速扩展可至多半个果实,病部凹陷,软化腐烂。湿度大时病部表面长出白色粉状霉,茎基部、茎、枝条发病,病部紫褐色,皮层软化,稍缢缩,重时造成整株或病部以上死亡。

(2)发病规律 病菌的卵孢子、厚垣孢子随病残体在土壤中及种子上越冬。病菌在田间借风雨、灌溉水传播。在条件适宜时,病菌 10 小时可完成侵入,潜育期仅 2～3 天,田间病害发展迅速。25℃～30℃,空气相对湿度 85% 以上利于发病,叶面有水膜存在是发病的必备条件。

(3)防治方法 一是根据当地生产需要,选用抗病品种。使用无病种子,或种子用 50℃温水浸种 30 分钟,杀灭种子表面病菌。二是高畦覆地膜栽培。密度适宜,及早整枝,适时摘除下部老叶。施足粪肥,增施磷、钾肥。三是适当控制灌水,雨后、灌水后地面不应存在积水,及时中耕。四是发现病果及时摘除深埋,收获后清洁田园,深翻土壤。五是药剂防治。可用 72.2% 霜霉威水剂 800 倍液,或 64% 噁霜·锰锌可湿性粉剂 400 倍液,或 50% 琥铜·甲霜灵可湿性粉剂 500 倍液等药剂喷雾防治。

14. 棚室茄子黄萎病如何防治？

（1）发病症状　茄子黄萎病又称半边疯、黑心病、凋萎病，是危害茄子的重要病害。茄子苗期即可染病，田间多在坐果后表现症状。茄子受害，一般自下向上发展。初期叶缘及叶脉间出现褪绿斑，病株初在晴天中午呈萎蔫状，早晚尚能恢复，经一段时间后不再恢复，叶缘上卷变褐脱落，病株逐渐枯死，叶片大量脱落呈光秆。剖视病茎，维管束变褐。有时植株半边发病，呈半边黄。

（2）发病规律　一般在门茄坐果后发病。症状先从植株下部叶片近叶柄的叶缘部及叶脉间发黄，逐渐发展为半边叶或整叶变黄，叶缘稍向上卷曲，有时病斑只限制半边叶片，引起叶片歪曲。晴天棚室内高温时，病株萎蔫，变褐枯死，症状由下向上逐渐发展，严重时全株叶片脱落，多数为全株发病，少数仍有部分无病健枝。植株生长受阻，矮小，株形不舒展，果小，长形果有时弯曲。纵切根茎部，可见到木质部维管束变色，呈黄褐色或棕褐色，病原真菌从根部伤口、幼根表皮及根毛侵入引起发病。病原真菌随带病种子做远距离传播。带有病残体的肥料，也可传播病害。

（3）防治方法　一是保护地栽培轮作困难，可采用嫁接换根的办法来防病，施用充分腐熟的有机肥，采用配方施肥技术,适当增施钾肥,提高植株抗病力。选用抗病品种如改良二苠、荷兰布列塔、荷兰 707 等。二是发现病株及时拔除,收获后彻底清除田间病残体烧毁。三是合理密植。栽苗行株距 50 厘米×30 厘米,每 667 米² 栽苗 4 000 株左右。提高定植质量。定植不宜过早,在 10 厘米地温稳定在 15℃以上时,选择晴暖天气定植;起苗要带大土坨,做到不伤根;栽苗后覆盖地膜。四是巧管水肥。在北方 6 月份茄子生长前期,地温偏低,要选择晴暖天气浇水,防止阴冷天浇水使地温低于 15℃引起黄萎病暴发。五是每 667 米² 用 50%多菌灵可湿性粉剂 3~4 千克,深耙入土。发现零星病株后,可浇灌 50%多菌灵可湿性粉剂 500 倍液。浇灌时稍刨去病株茎基部表土并挖一线穴,每穴浇药液 300~500 毫升,待药液渗下后覆土,每隔 10 天灌 1 次,连续灌 2~3 次。苗期用 50%多菌灵 500 倍液加 96%硫酸铜 1 000 倍液灌根后带药移栽,或定植时用 50%多菌灵药土(667 米² 用 1 千克药加 40~60 千克细干土拌匀)穴施。

金盾版图书,科学实用,
通俗易懂,物美价廉,欢迎选购

茄子标准化生产技术	9.50	肉狗标准化生产技术	16.00
番茄标准化生产技术	12.00	狐标准化生产技术	9.00
辣椒标准化生产技术	12.00	貉标准化生产技术	10.00
韭菜标准化生产技术	9.00	菜田化学除草技术问答	11.00
大蒜标准化生产技术	14.00	蔬菜茬口安排技术问答	10.00
猕猴桃标准化生产技术	12.00	食用菌优质高产栽培技术	
核桃标准化生产技术	12.00	问答	16.00
香蕉标准化生产技术	9.00	草生菌高效栽培技术问答	17.00
甜瓜标准化生产技术	10.00	木生菌高效栽培技术问答	14.00
香菇标准化生产技术	10.00	果树盆栽与盆景制作技术	
金针菇标准化生产技术	7.00	问答	11.00
滑菇标准化生产技术	6.00	蚕病防治基础知识及技术	
平菇标准化生产技术	7.00	问答	9.00
黑木耳标准化生产技术	9.00	猪养殖技术问答	14.00
绞股蓝标准化生产技术	7.00	奶牛养殖技术问答	12.00
天麻标准化生产技术	10.00	秸秆养肉牛配套技术问答	11.00
当归标准化生产技术	10.00	水牛改良与奶用养殖技术	
北五味子标准化生产技术	6.00	问答	13.00
金银花标准化生产技术	10.00	犊牛培育技术问答	10.00
小粒咖啡标准化生产技术	10.00	秸秆养肉羊配套技术问答	12.00
烤烟标准化生产技术	15.00	家兔养殖技术问答	18.00
猪标准化生产技术	9.00	肉鸡养殖技术问答	10.00
奶牛标准化生产技术	10.00	蛋鸡养殖技术问答	12.00
肉羊标准化生产技术	18.00	生态放养柴鸡关键技术问	
獭兔标准化生产技术	13.00	答	12.00
长毛兔标准化生产技术	15.00	蛋鸭养殖技术问答	9.00
肉兔标准化生产技术	11.00	青粗饲料养鹅配套技术问	
蛋鸡标准化生产技术	9.00	答	11.00
肉鸡标准化生产技术	12.00	提高海参增养殖效益技术	
肉鸭标准化生产技术	16.00	问答	12.00

泥鳅养殖技术问答	9.00	怎样提高杏栽培效益	10.00
花生地膜覆盖高产栽培致		怎样提高李栽培效益	9.00
富·吉林省白城市林海镇	8.00	怎样提高枣栽培效益	10.00
蔬菜规模化种植致富第一		怎样提高山楂栽培效益	12.00
村·山东寿光市三元朱村	12.00	怎样提高板栗栽培效益	13.00
大棚番茄制种致富·陕西		怎样提高核桃栽培效益	11.00
省西安市栎阳镇	13.00	怎样提高葡萄栽培效益	12.00
农林下脚料栽培竹荪致富		怎样提高荔枝栽培效益	9.50
·福建省顺昌县大历镇	10.00	怎样提高种西瓜效益	8.00
银耳产业化经营致富·福		怎样提高甜瓜种植效益	9.00
建省古田县大桥镇	12.00	怎样提高蘑菇种植效益	12.00
姬菇规范化栽培致富·江		怎样提高香菇种植效益	15.00
西省杭州市罗针镇	11.00	提高绿叶菜商品性栽培技	
农村能源开发富一乡·吉		术问答	11.00
林省扶余县新万发镇	11.00	提高大葱商品性栽培技术	
怎样提高玉米种植效益	10.00	问答 9.00	
怎样提高大豆种植效益	10.00	提高大白菜商品性栽培技	
怎样提高大白菜种植效益	7.00	术问答	10.00
怎样提高马铃薯种植效益	10.00	提高甘蓝商品性栽培技术	
怎样提高黄瓜种植效益	7.00	问答	10.00
怎样提高茄子种植效益	10.00	提高萝卜商品性栽培技术	
怎样提高番茄种植效益	8.00	问答	10.00
怎样提高辣椒种植效益	11.00	提高胡萝卜商品性栽培技	
怎样提高苹果栽培效益	13.00	术问答	6.00
怎样提高梨栽培效益	9.00	提高马铃薯商品性栽培技	
怎样提高桃栽培效益	11.00	术问答	11.00
怎样提高猕猴桃栽培效益	12.00	提高黄瓜商品性栽培技术	
怎样提高甜樱桃栽培效益	11.00	问答	11.00

以上图书由全国各地新华书店经销。凡向本社邮购图书或音像制品，可通过邮局汇款，在汇单"附言"栏填写所购书目，邮购图书均可享受9折优惠。购书30元（按打折后实款计算）以上的免收邮挂费，购书不足30元的按邮局资费标准收取3元挂号费，邮寄费由我社承担。邮购地址：北京市丰台区晓月中路29号，邮政编码：100072，联系人：金友，电话：（010）83210681、83210682、83219215、83219217（传真）。